ISBN-13: 978-1533533524

ISBN-10: 1533533520

MANUAL DE INSTALACIONES DE GAS
Proyectos, cálculos y diseños

Miguel D'Addario

Comunidad Europea
2016

MANUAL DE INSTALACIONES DE GAS

ÍNDICE GENERAL

MANUAL de INSTALACIONES de GAS

INSTALACIONES DE GASES COMBUSTIBLES

ÍNDICE

INTRODUCCIÓN

A lo largo de esta unidad se sienta las bases de la muy amplia tecnología del gas, describiendo las características básicas de sus instalaciones tipo, el fundamento y uso de los componentes en ellas empleados y los criterios para su cálculo y dimensionado.

También se describen los criterios de interpretación de planos y las normas específicas para el montaje y mantenimiento preventivo y la solución de averías, no pretende más que abrir una ventana a un sector tan importante como poco conocido y que es, en si mismo, una profesión con un alto nivel técnico y laboral que puede proporcionar, al alumnado que se incline por profundizar en este camino, múltiples satisfacciones.

OBJETIVOS

- Conocer los parámetros de un gas combustible y las características de los gases combustibles industriales en condiciones "normales" y "reales".

- Establecer los principios básicos para la configuración de instalaciones de gases combustibles.

- Exponer las normas básicas por las que se rigen las instalaciones de almacenamiento, redes y acometidas.

- Identificar y analizar el funcionamiento de los componentes de instalaciones de gas envasado, a granel y canalizado.

- Establecer los procedimientos para la determinación y selección de equipos y elementos de instalaciones de gas combustible.

- Conocer la metodología para comprobación de los parámetros característicos de receptores e instalaciones.

- Saber los fundamentos del funcionamiento y control, así como para ajuste y puesta en marcha de una instalación de gas combustible.

- Saber interpretar los preceptos de la reglamentación vigente en relación con las instalaciones de gases combustibles.

1. LOS GASES COMBUSTIBLES

1.1. Parámetros de un gas combustible

Los gases combustibles son gases, o mezclas de gases, que combinados con el oxígeno del aire en la proporción adecuada, son capaces de arder desprendiendo luz y calor mediante el proceso de la combustión. Los gases combustibles industriales son hidrocarburos (especialmente metano, butano y propano), mezclas de éstos y mezclas de éstos con el aire (aire metanado, aire propanado...).

Un gas combustible está definido por las siguientes características:

- Densidad absoluta d_A: masa por unidad de volumen. Expresada en Kgs/m³ depende de la presión del gas y de su temperatura.

- Densidad aparente o ficticia d_S: densidad con respecto al aire seco, siempre que el gas y el aire estén en las mismas condiciones de presión y temperatura.

- Volumen específico V_E es el volumen que ocupa, en condiciones normales, un kilogramo de gas. Se mide en m³/ Kg.

- Poder calorífico superior **PCS**: cantidad de calor que puede producir un gas en las denominadas "condiciones normales", esto es, a 0° C y presión atmosférica, incluyendo el calor de condensación del vapor de agua. Se expresa en Kcal/Nm³ o en Jul/Nm³.

- Poder calorífico inferior **PCI**: cantidad de calor que puede producir un gas en las denominadas "condiciones normales", esto es, a 0° C y presión atmosférica, sin incluir el calor de condensación del vapor de agua.

- Índice de Wobbe: Valor determinado por la fórmula:

$$W = \frac{PCS}{d_S}$$

El índice de Wobbe está relacionado con la clasificación e intercambiabilidad de los gases combustibles.

1.2. Gases combustibles industriales

Dos grandes grupos:

- Gases licuados.
- Gases comprimidos.

Mientras que los primeros son fácilmente licuables (caso del butano, propano y sus mezclas), los segundos (gas natural) son difícilmente licuables y sólo se utilizan en instalaciones de gas canalizado. En los gases licuados coexisten la fase líquida y la fase gas, mientras que en los comprimidos solamente está esta última.

El gas manufacturado corresponde al antes denominado "gas ciudad". Se fabrica a partir de otras materias primas y distribuye a través de conducciones.

El gas natural es un gas o mezcla de gases, cuyo componente fundamental es el metano. Se encuentra en bolsas impermeables, bien junto al petróleo o bien separado de éste. La distribución del gas natural se hace hasta los puntos de consumo de dos maneras:

- Mediante la utilización de redes de distribución fijas (gaseoductos).
- Licuándolo mediante procesos frigoríficos con lo que se transporta en buques metaneros, a –163° C y presión atmosférica, que lo llevan hasta las plantas regasificadoras en las que se reconvierte nuevamente en gas, utilizando intercambiadores de calor que usan como fuente el agua del mar. El gas sale del proceso a muy altas presiones por lo que puede distribuirse a través de largas canalizaciones.

Los gases licuados del petróleo proceden de su destilación fraccionada. Corresponden a este grupo los gases butano, propano y sus mezclas. El propano comercial puede contener hasta un 20% de butano, mientras el metalúrgico es 100% puro. Los gases se mantienen a presión para poder ser transportados en estado líquido hasta los puntos de consumo.

El aire propanado es una mezcla de estos dos componentes realizada en complejas instalaciones. Puede ser:

- De bajo índice de Wobbe, con un 27% de gas propano, que es un complemento al gas manufacturado, siendo intercambiable con éste.
- De alto índice de Wobbe con un 57% de propano, con mayor poder calorífico e intercambiable con el gas natural.

El Biogas procede de la fermentación de materias orgánicas en cámaras adecuadas denominadas digestores. Aunque la posibilidad de utilizar residuos orgánicos lo puede hacer rentable, es sumamente difícil conseguir un combustible de composición homogénea y constante, lo cual limita su uso.

1.3. Clasificación de los gases

La norma UNE 60.002 clasifica a los gases en tres familias, de acuerdo con el índice de Wobbe de cada uno de ellos, a saber:

- Primera familia, con índice de Wobbe comprendido entre 5.700 y 7.500 Kcal/Nm^3. Corresponden a este grupo el antiguo gas manufacturado, el aire metanado y el aire propanado de bajo índice de Wobbe.

- Segunda familia, con índice de Wobbe comprendido entre 9.680 y 13.850 Kcal/Nm^3. En el grupo se incluyen el gas natural y el aire propanado de alto índice de Wobbe.

- Tercera familia, con índice de Wobbe comprendido entre 18.500 y 22.070 Kcal/Nm^3, en la que entran los GLP o gases licuados del petróleo (butano, propano y sus mezclas).

1.4. Almacenamiento y distribución de los gases combustibles

Se pueden presentar en tres formas:

- Gas envasado, que es el caso de los G.L.P. que se embotellan en envases móviles en planta y llegan a las instalaciones de abonado mediante el transporte en camiones.

- Gas a granel, también correspondiente a los G.L.P., especialmente el gas propano, con destino a depósitos fijos de abonado.

- Gas canalizado, que puede proceder de un gaseoducto de gas natural o de un depósito de G.L.P. a granel. Se distribuye mediante conducciones y cada abonado dispone de una estación de regulación y medida ERM, más o menos sencilla, que permite evaluar su consumo.

1 5. Condiciones normales, estándar y reales de un gas

Algunos parámetros de los gases son muy variables afectándoles sobremanera la presión y temperatura de utilización o distribución. Tal es el caso de los poderes caloríficos superior e inferior y de la densidad.

Como ya se ha comentado con anterioridad, los valores en "condiciones normales" son aquellos que corresponden a una temperatura de 0° C y a la presión atmosférica. El PCS y PCI se expresan en Kcal/Nm^3 (Kilocalorías por metro cúbico normal) o J/Nm^3 (Kilojulios por metro cúbico normal) y la densidad en Kg/Nm^3 (Kilogramos por metro cúbico normal). Estos valores son los que figuran en las tablas de características de los gases. Otra notación es la de Kcal/m^3 (n) o Kg/m^3 (n).

17

Los valores en "condiciones estándar" corresponden a una temperatura de +15° C y a la presión atmosférica. El PCS y PCI se expresan en Kcal/Sm³ (Kilocalorías por metro cúbico estándar) o J/Sm³ (Kilojulios por metro cúbico estándar) y la densidad en Kg/Sm³ (Kilogramos por metro cúbico estándar).

En "condiciones reales", los valores corresponden a aquellos que el gas tiene a la presión y temperatura de distribución. De especial interés es la relación entre el PCS y PCI en "condiciones reales" con los valores en "condiciones normales".

La ecuación de los gases perfectos nos permite establecer esta relación con la suficiente aproximación. El PCS y PCI de un gas son directamente proporcionales a la presión de distribución (cuanto más alta es ésta más potencia calorífica tiene) e inversamente proporcionales a su temperatura (cuanto mayor es la temperatura menor es la cantidad de gas a igualdad de presión). Por ello se puede utilizar la fórmula:

$$PC_R = PC_N \times P_{ABS} \times \frac{273}{T_R}$$

en donde:

PC_R = Poder calorífico en condiciones "reales".

PC_N = Poder calorífico en condiciones "normales".

P_{ABS} = Presión absoluta en BAR.

T_R = Temperatura absoluta en condiciones reales en K.

Ejemplo

¿Cuál será el PCS y PCI de un gas a una presión manométrica de 1,5 BAR y una temperatura de 30° C, si en condiciones normales estos valores son, respectivamente, de 11.800 Kcal/Nm³ y 10.200 Kcal/Nm³?

P_{ABS} = 1,5 + 1 = 2,5 BAR

T_R = 273 + 30 = 303 K

PCS_N = 11.800 Kcal/Nm³

PCI_N = 10.200 Kcal/Nm³

$$PCS_R = 11800 \times 2,5 \times \frac{273}{303} = 26579 \, Kcal / m^3$$

$$PCI_R = 10200 \times 2,5 \times \frac{273}{303} = 22975 \, Kcal / m^3$$

1.6. Vaporización de un gas licuado

En los envases en donde se encuentran almacenados los gases licuados coexisten las fases gas (amarilla) y líquida (roja). La entrada de calor a través de las paredes permite que algunas de las moléculas líquidas adquieran la suficiente energía para atravesar la superficie y se conviertan en moléculas gaseosas que ejercen presión en todo el recinto. Esta presión es mayor cuanto mayor es la temperatura del líquido combustible, y, en un momento dado, se estabiliza en un valor que corresponde a la denominada "presión de vapor saturado". Si no hay consumo el gas deja de hervir al llegar a ella. Si hay consumo, la presión en el interior de la fase gas de la botella bajará y no se opondrá a que continúe hirviendo el gas licuado.

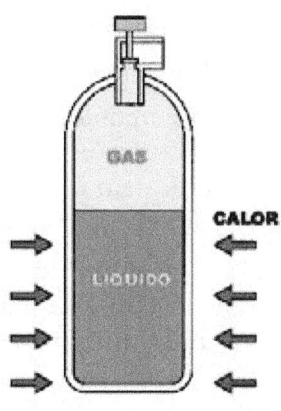

Vaporización de un gas licuado

La cantidad de fluido que hierve es directamente proporcional al valor de la superficie "mojada" por el líquido y a la diferencia de temperatura entre éste y el ambiente, siendo inversamente proporcional a la presión que sobre él actúa. Para hacer hervir 1 kilogramo de gas butano o propano hacen falta, aproximadamente, 94 Kcal.

En la tabla 1 se indican las presiones de vapor saturado correspondientes a distintas temperaturas y gases licuados. Estas presiones son manométricas y se expresan en BAR. La tabla nos permite saber cuál es la temperatura de ebullición de un gas licuado y cuál es la máxima presión que puede alcanzar en el caso de que no haya consumo y por lo tanto vaporización. Observamos que el gas butano a una temperatura de –10° C está en depresión con respecto a la presión atmosférica. Quiere decir esto que de una botella llena con gas butano colocada a la intemperie a –10° C no sólo no saldría gas sino que, teóricamente, podría entrar aire.

TABLA 1

TEMPERATURA DE EVAPORACIÓN DEL LÍQUIDO	–10°C	0°C	10°C	20°C	30°C	40°C
Propano 100%	3,5	4,9	6,9	9,8	13,5	16,5
Butano 100%	– 0,3	0,6	1,5	2,3	3,4	4,5
Propano 80%–Butano 20%	2,8	4,1	5,8	7,8	10,7	13,8

Ejemplo

En un depósito de propano comercial, cuando hay consumo, el manómetro marca 4,9 BAR y la temperatura ambiente es de +30° C. Averiguar cuál es la temperatura de vaporización del fluido y a qué presión máxima llegaría a estar el depósito si no hubiese consumo.

La presión manométrica es de 4,9 BAR lo que indica que la temperatura de evaporación es de 0° C. La máxima temperatura que puede alcanzar el fluido (sin que haya evaporación, esto es, sin consumo) será la del ambiente, +30° C y su presión de vapor saturado de 13,5 BAR.

Si el consumo de G.L.P. es elevado es dificultoso poder provocar la evaporación de la cantidad de gas necesaria mediante la vaporización natural, empleándose entonces vaporizadores, equipos que hacen hervir el propano líquido mediante un circuito de calentamiento con agua caliente o electricidad.

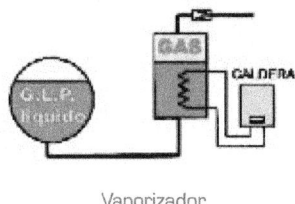

Vaporizador

Ejemplo

Determinar la potencia mínima de una caldera de agua caliente para un vaporizador que produzca 120 Kgs/h de gas propano, suponiendo que el rendimiento del sistema es del 80%. El calor de vaporización del gas propano es de 94 Kcal/Kg

$$W = \frac{120 \times 94}{0,8} = 14100 \ Kcal \ / \ h$$

$$W = \frac{14100}{860} = 16,39 \ KW$$

1.7. Temperatura de vaporización

La temperatura de vaporización de un líquido es aquella a la que hierve cuando la presión sobre él es de la atmosférica y que para el agua es de 100° C. En la tabla 2 se indican las de los gases combustibles industriales más utilizados.

TABLA 2

Gas natural	−160° C
Gas butano	−10° C
Gas propano	−40° C

1.8. Otras características físico-químicas de los gases combustibles

En las tablas 3 y 4 se indican los valores más significativos las de los principales gases combustibles industriales, siempre en "condiciones normales", que corresponden a sus densidades y poderes caloríficos.

TABLA 3

GASES COMBUSTIBLES	Densidad Kgs/Nm³	Vol. Específico Nm³ / Kgs.	Densidad relativa
Gas manufacturado	0,685	1,459	0,530
Gas natural Argelia	0,773	1,293	0,598
Gas natural Bermeo	0,833	1,200	0,644
Aire propanado 13500 Kcal/Nm³	1,681	0,595	1,300
Butano comercial	2,625	0,381	2,030
Propano comercial	2,095	0,477	1,620
Propano metalúrgico	2,030	0,493	1,570

TABLA 4

GASES COMBUSTIBLES	PCS		PCI	
	J/Nm³	Kcal/Nm³	J/Nm³	Kcal/Nm³
Gas manufacturado	17.580	4.200		
Gas natural Argelia	42.200	10.080	38.020	9.080
Gas natural Bermeo	42.290	10.100	38.270	9.140
Aire propanado 13500 Kcal/Nm³	56.520	13.500		
Butano comercial	125.400	30.000	116.204	27.800
Propano comercial	104.082	24.900	95.722	22.900
Propano metalúrgico	102.263	24.465	94.008	22.490

Es importante también la densidad del líquido en los G.L.P. que es de 0,58 Kgs/litro para el gas butano y de 0,5 Kgs/litros para el gas propano.

1.9. Unidades de presión utilizadas en la técnica del gas

En AP y MPB:

- BAR
- ATMÓSFERA
- Kg/cm²

(En la práctica 1 BAR = 1 ATMOSFERA = 1 Kg/cm²)

En MPA y BP

- gr/cm²
- mBAR
- mm.c.a.

(En la práctica 1 gr/cm² = 1 mBAR = 10 mm.c.a. = 0,001 BAR)

En menor proporción se emplean también el Pascal (1 Pa = 0,1 mm.c.a.), el Kilopascal (1 KPa = 1.000 Pa = 100 mm c.a. = 10 mBAR = 10 grs/cm²) y el Megapascal (1 MPa = 1.000 KPa).

1.10. Presión de distribución de un gas

La normativa española prevé las siguientes presiones de distribución:

TABLA 5

	Presión mínima	Presión máxima
Alta presión B	16 BAR	
Alta presión A	4 BAR	< 16 BAR
Media presión B	0,4 BAR	< 4 BAR
Media presión A	50 mBAR	< 0,4 BAR
Baja presión		< 50 mBAR

2. NORMAS PARA LA CONFIGURACIÓN DE INSTALACIONES

2.1. Potencia térmica Q_P

2.1.1. Potencia térmica en una instalación individual

La potencia térmica de un receptor corresponde a la cantidad de calor que puede generar por unidad de tiempo. Se indica en Kilocalorías/h o en KW térmicos. (1 KW = 860 Kcal/h).

La potencia térmica de una instalación es la suma de las de los distintos receptores y puede ser:

- Potencia punta o potencia total que corresponde a la suma de las potencias de todos los receptores.

- Potencia simultánea en la cual se tiene en cuenta el coeficiente correspondiente.

Ejemplo

¿Cuál es la potencia punta y simultánea instalada en un restaurante considerando que los aparatos de cocción tienen una utilización media del 60% de su potencia total?

Los aparatos conectados a la instalación de gas son los siguientes:

- 1 cocina de 60000 Kcal/h.

- 1 freidora de 30000 Kcal/h.

- 1 calentador instantáneo a gas de 18000 Kcal/h.

APARATO	Potencia total	Coef.simul.	Potencia simultánea
Cocina	60000 Kcal/h	0,6	36000 Kcal/h
Freidora	30000 Kcal/h	0,6	18000 Kcal/h
Calentador instantáneo	18000 Kcal/h	1	18000 Kcal/h
TOTAL	**108000 Kcal/h**		**72000 Kcal/h**

2.1.2. Potencia térmica en un edificio de viviendas

En un edificio destinado a viviendas la determinación de la potencia simultánea viene determinado por la expuesto en la Orden de 17/12/1985.

N° de viviendas	Factor de simultaneidad	
	S1	S2
1	1,00	1,00
2	0,50	0,70
3	0,40	0,60
4	0,40	0,56
5	0,40	0,50
6	0,30	0,50
7	0,30	0,50
8	0,30	0,45
9	0,25	0,45
10	0,25	0,45
15	0,20	0,40
25	0,20	0,40
40	0,15	0,40
50	0,15	0,35

Siendo S1 el coeficiente a aplicar si hay instalaciones individuales de calefacción, y el S2 el que se utilizará si no las hay.

La potencia total simultánea en una instalación del sector industrial o terciario está sometida a un análisis de su funcionamiento.

2.2. Caudal en una conducción C$_R$

En una conducción, el caudal depende de la potencia térmica y de la presión de transporte del gas.

En condiciones "normales" y que en la práctica, con la suficiente aproximación, coinciden con las de la distribución en baja presión, se relaciona la potencia transportada por una conducción con su caudal mediante la fórmula:

$$C_N = \frac{Q_P}{PCS_N}$$

En la que:

C_N = Caudal en condiciones "normales" en Nm³/h.

Q_P = Potencia calorífica transportada en Kcal/h.

PCS_N = Poder calorífico superior en condiciones "normales" en Kcal/Nm³

Ejemplo

¿Cuál será el caudal que, aproximadamente, pasará por una conducción en baja presión de gas propano si por ella se transporta una potencia térmica de 240.000 Kcal/h?

Q_P = 240.000 Kcal/h

PCS_N = 24.900 Kcal/Nm³

$$C_N = \frac{240000}{24900} = 9,63 \ Nm^3 / h$$

La ecuación de los gases perfectos nos permite averiguar el caudal en condiciones normales, esto es, el que pasaría si el gas estuviera a 0° C y presión absoluta 1 ATA al que **circula** en condiciones reales. Aproximadamente:

$$C_R = \frac{C_N}{P_{ABS}} \times \frac{T_R}{273}$$

En donde:

C_R = Caudal en condiciones reales.

C_N = Caudal en condiciones normales.

P_{ABS} = Presión absoluta en ATA

T_R = Temperatura absoluta del gas en K

Ejemplo

¿Cuál es el caudal C_R que pasará por una conducción a una presión manométrica de 1,2 BAR si alimenta un quemador a gas de 100 KW térmicos? El PCS del gas es de 10.800 Kcal/Nm³ y la temperatura del gas 18° C.

Q_P = 100 KW = 100 x 860 = 86000 Kcal/h

$$C_N = \frac{86000}{10800} = 7,96 \; Nm^3/h$$

P$_{ABS}$ = 1,2 + 1 = 2,2 ATA

T$_R$ = 273+18 = 291 K

$$C_R = \frac{7,96}{2,2} \times \frac{291}{273} = 3,85 \; m^3/h$$

2.3. Velocidad del gas en una conducción

Nos viene dada por la fórmula:

$$V = \frac{C_R}{S \times 3600} = \frac{C_R}{\dfrac{3,14 \times d^2}{4} \times 3600} = \frac{C_R}{2826 \times d^2}$$

En donde:

V = Velocidad en m/s.

C$_R$ = Caudal en condiciones reales en m³/h.

d = diámetro en metros.

La velocidad del gas no deberá exceder de 20 m/s.

Ejemplo

¿Cuál será la velocidad del gas del ejercicio del apartado anterior si pasa por una tubería de cobre de 13x15 mm?

C$_R$ = 3,85 m³/h

d = 13 mm = 0,013

$$V = \frac{3,85}{2826 \times 0,013^2} = 8,06 \; m/s$$

2.4. Utilización de tablas

En el Anexo 2 a esta unidad didáctica se incluyen tablas para la estimación directa de la velocidad en una conducción a partir de la potencia térmica transportada para diferentes gases y presiones, tanto en baja como en media presión. Considerando que en baja presión la velocidad, calculada con arreglo al criterio de pérdida de carga máxima (que más adelante veremos) es muy inferior a 20 m/s, que, como hemos dicho, es el valor máximo admisible, solamente hemos realizado las tablas correspondientes a MPB en presiones que habitualmente se emplean. Estos valores, calculados tomando como base una temperatura de +20° C, son lo suficientemente aproximados en la práctica y el procedimiento es mucho más rápido que el cálculo numérico.

Ejemplo

¿A que velocidad circulará el gas propano por una conducción de 12 mm de diámetro interior, si la presión es de 0,6 BAR y la potencia transportada 350000 Kcal/h?

Según la tabla v = 23,2 m/s, valor superior a 20 m/s, por lo que no es recomendable este diámetro. Se tendría que seleccionar el siguiente, 14 mm., en el que la velocidad sería de 17,1 mm.

2.5. Pérdida de carga en una conducción

La Fórmula de Renouard para altas y medias presiones (mayores a 500 mm.c.a) es:

$$P_A^2 - P_B^2 = 51{,}5 \times d_S \times L \times \frac{Q^{1,82}}{D^{4,82}}$$

En ella:

P_A = Presión absoluta al principio del tramo en BAR.

P_B = Presión absoluta al final del tramo en BAR.

d_S = Densidad aparente respecto al aire, a saber:

- Gas natural : 0,53 a 0,61
- Aire propanado 13.500 Kcal/Nm³ : 1,11
- Gas propano: 1,16
- Gas butano: 1,44

L = Longitud equivalente en metros, del orden del 20% más que la real.

Q = Caudal de gas transportado en condiciones normales.

D = Diámetro de la conducción en mm.

La pérdida de carga se puede expresar en valores absolutos o en %.

Ejemplo

¿Cuál es la presión al final de una tubería de cobre que conduce gas propano si su longitud real es de 60 metros, su diámetro interior 13 mm, y la presión manométrica al principio de línea es de 1,8 BAR? ¿Y cual será la pérdida de carga en BAR y % sobre la presión manométrica? La tubería alimenta a un quemador de potencia térmica 250.000 Kcal/h.

P_A = 1,8+1 = 2,8 BAR

PCS = 24.900 Kcal/Nm³

d_s =1,16

L = 1,2 x 60 = 72 m

D = 13 mm.

Q_P = 250.000 Kcal/h

El caudal de gas transportado en condiciones normales sería

$$Q_N = \frac{250.000}{24900} = 10,04 \ Nm^3 / h$$

$$2,8^2 - P_B^2 = 51,5 \times 1,16 \times 72 \times \frac{10,04^{1,82}}{13^{4,82}} = 1,22$$

$$P_B = \sqrt{2,8^2 - 1,22} = 2,57 \ BAR$$

Por lo que la presión manométrica al final del tramo será:

$$P_F = 2,57 - 1 = 1,57 \ BAR$$

Y la caída de presión:

$$\Delta P = 1,8 - 1,57 = 0,23 \ BAR$$

$$\Delta p = \frac{0,23}{1,8} \times 100 = 12,77 \ \%$$

La fórmula de Renouard para bajas presiones (inferiores a 500 mm.c.a) toma la forma

$$P_A - P_B = 25,048 \times d_S \times L \times \frac{Q^{1,82}}{D^{4,82}}$$

En la que:

P_A = Presión absoluta o manométrica al principio del tramo en BAR.

P_B = Presión absoluta o manométrica al final del tramo en BAR.

d_s = Densidad aparente respecto al aire, a saber:

- Gas natural : 0,53 a 0,61
- Aire propanado 13.500 Kcal/Nm³ : 1,11

- Gas propano: 1,16
- Gas butano: 1,44

L = Longitud equivalente en metros, del orden del 20% más que la real.

Q = Caudal de gas transportado en condiciones normales.

D = Diámetro de la conducción en mm.

Ejemplo

¿Cuál es la presión al final de una tubería de cobre que conduce gas propano si su longitud real es de 5 metros, su diámetro interior 18 mm, y la presión manométrica al principio de línea es de 370 mm.c.a.? ¿Y la pérdida de carga en valor absoluto y % sobre la presión manométrica? La tubería alimenta a un quemador de potencia térmica 100.000 Kcal/h.

P_A = 370 mm.c.a. = 0,037 BAR.

PCS = 24900 Kcal/Nm³

d_s =1,16

L = 1,2 x 5 = 6 m.

D = 18 mm.

Q_P = 100000 Kcal/h.

$$Q = \frac{100000}{24900} = 4,01 \ Nm^3/h$$

$$0,037 - P_B = 25,048 \times 1,16 \times 6 \times \frac{4,01^{1,82}}{18^{4,82}} = 0,0019 \ BAR$$

$$P_B = 0,037 - 0,0019 = 0,0351 \ BAR = 351 \ mm \ c.a.$$

Y la caída de presión:

$$\Delta p = 19 \ mm \ c.a.$$

$$\Delta p = \frac{19}{370} \times 100 = 5\%$$

Para que las fórmulas de Renouard sean válidas se debe cumplir, además, que

$$\frac{Q_S}{D} \langle 150$$

Siendo Qs el caudal transportado en condiciones estándar en Sm³/h.

2.6. Utilización de tablas

En el Anexo 2 a esta unidad didáctica se incluyen tablas para la estimación directa del diámetro de una conducción a partir de la potencia térmica transportada para diferentes gases y presiones, con una pérdida de carga dada y que habitualmente se considera.

- Entre el 5% y 10% de la presión manométrica para conducciones en baja presión.

- De hasta el 20% de la presión manométrica para conducciones en media presión.

Las tablas permiten calcular diámetros con pérdidas de cargas diferentes, sin más que actuar sobre las longitudes, ya que aquellas son inversamente proporcionales a éstas.

Ejemplo 1

¿Cuál es el diámetro recomendable para alimentar un calentador de gas butano en BP si éste tiene una potencia térmica de 25 KW y la longitud real de la conducción es de 6 metros?

L = 6 x 1,2 = 7,2 m.

W = 25 x 860 = 21500 Kcal/h

Entramos en la tabla por los valores más próximos, esto es por 22500 Kcal/h y 8 m., con lo que d = 9,5 mm., adoptando un diámetro comercial de 10/12 mm.

Ejemplo 2

¿Cuál es el diámetro recomendable para alimentar una caldera de calefacción comunitaria de potencia térmica total 200000 Kcal/h si la distancia al contador es de 16 metros?

La parte de instalación que va desde el contador a la caldera está siempre en baja presión.

L = 16 x 1,2 = 19,2 m.

W = 200000 Kcal/h

El diámetro interior teórico es 41,6 mm, bastante considerable. Por ello es recomendable realizar la instalación con tubo de acero. Dado que el de 1 1/2" (38 mm) es algo justo, es preferible colocar un tubo de 2" (50 mm).

Ejemplo 3

En una granja con un depósito de gas propano a granel y en el que la presión de distribución es de 1,2 BAR están instalados 15 radiadores de infrarrojos de 10000 Kcal/h cada uno. El centro de gravedad de la carga térmica en MPB está aproximadamente a 60 metros de distancia del depósito y la tubería es de 12x1 mm. Queremos saber si el diámetro de esta conducción es el adecuado.

L = 1,2 x 60 = 72 metros.

P = 15 x 10000 = 150000 Kcal/h.

Según la tabla el diámetro teórico debería ser de 11,4 mm, por lo que el instalado resulta algo pequeño y hubiera sido preferible colocar una tubería de 13/15 mm.

3. INSTALACIONES DE ALMACENAMIENTO, REDES Y ACOMETIDAS

3.1. Generalidades

El objetivo de toda instalación de gas es hacer llegar el combustible a los receptores con la presión y caudal que necesitan. Ello requiere determinar:

- El tipo de gas a utilizar.
- El tipo de suministro de que disponemos.
- La presión de suministro.
- La potencia térmica de la instalación.
- La presión nominal de los receptores.

Dado que la presión de distribución es superior a la de la de utilización, se hace necesario el uso de manorreductores o reguladores, que tienen una doble función:

- Reducir la presión de entrada al valor de la de utilización o a una presión intermedia.
- Conservar constante la presión de salida aunque haya una variación de consumo o se modifique la presión de entrada.

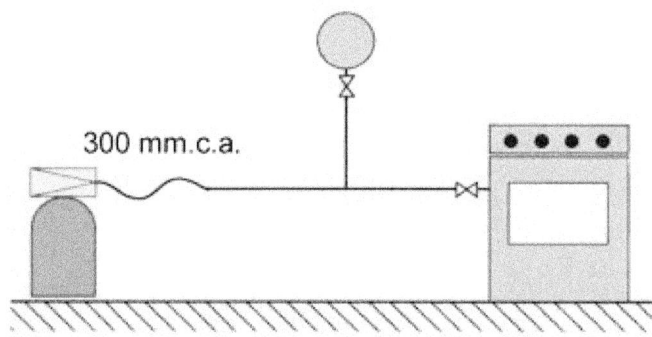

Reducción de presión en una etapa

En una instalación de usuario, la reducción de presión se realiza en una o más etapas.

Esta figura corresponde a una instalación del primer tipo en la que una botella de gas butano alimenta a un calentador y una cocina mediante una red de baja presión a 30 mBAR (300 mm.c.a.), provocándose una reducción de la presión de la botella en la que el gas está aproximadamente a 2 BAR hasta la presión de distribución.

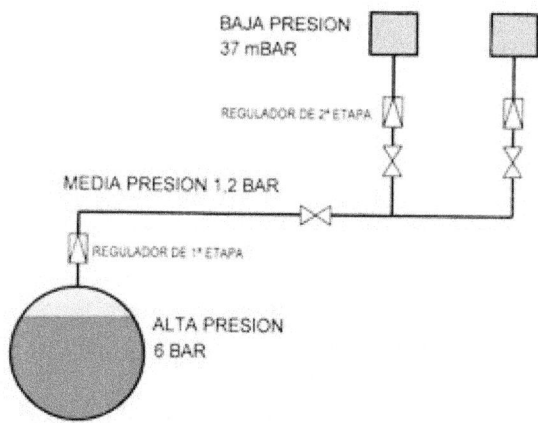

BAJA PRESION
37 mBAR

REGULADOR DE 2ª ETAPA

MEDIA PRESION 1,2 BAR

REGULADOR DE 1ª ETAPA

ALTA PRESION
6 BAR

Reducción de presión en dos etapas

En la figura se representa esquemáticamente una instalación de almacenamiento y distribución a partir de un depósito de almacenamiento de gas propano a granel. Se observan los diferentes tramos de presión y que incluyen el almacenamiento a 6 BAR (alta presión) la distribución a 1,2 BAR (media presión) y la utilización a 37 mBAR (baja presión).

3.2. Instalaciones de gas para consumos pequeños y medios

- Instalaciones de gas natural, canalizado. Se conectan a la red general de distribución y alimentan a una instalación individual o colectiva, con contadores que indiquen el gas consumido.

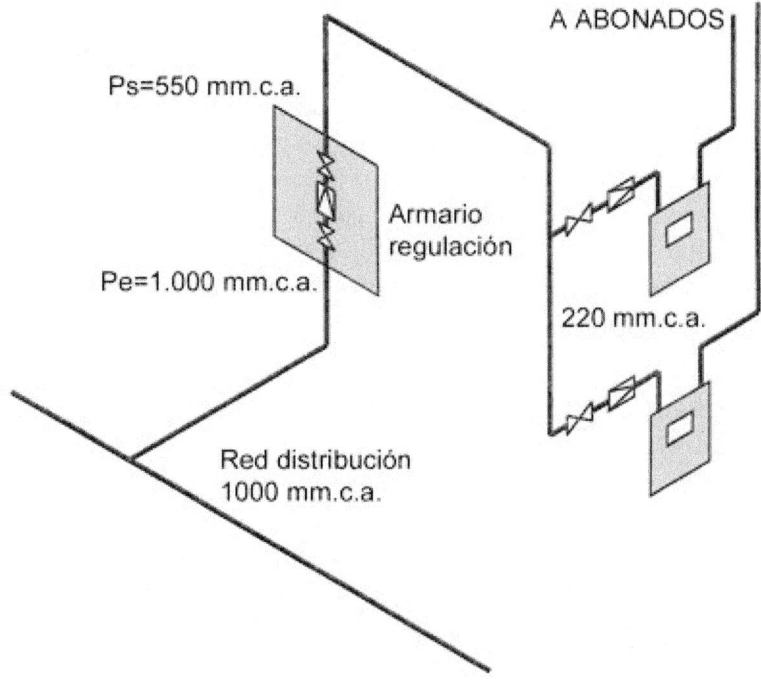

A ABONADOS

Ps=550 mm.c.a.

Armario
regulación

Pe=1.000 mm.c.a.

220 mm.c.a.

Red distribución
1000 mm.c.a.

Gas natural canalizado acometida MPA

33

- Instalaciones de G.L.P. con envases móviles. Cubren las instalaciones domésticas más simples, con envases de menos de 15 Kgs y aquellas que utilizan envases de más de 15 Kgs acoplados en baterías con sistemas de inversión manual o automática.

- Instalaciones con depósitos fijos de almacenamiento de G.L.P. a granel, que pueden alimentar una instalación individual o una colectiva provista de contadores que indiquen el gas consumido.

De los dos últimos tipos se acompañan ejemplos en el apartado anterior. En el dibujo adjunto se esquematiza una instalación de gas natural canalizado con acometida en MPA (1000 mm.c.a.) y dos etapas de reducción a presión. La primera etapa reduce la presión de acometida a una intermedia (550 mm.c.a.) y en la segunda etapa un regulador de contador la reduce a 220 mm.c.a., que será la presión de abonado.

3.3. Instalaciones de gas para grandes consumos

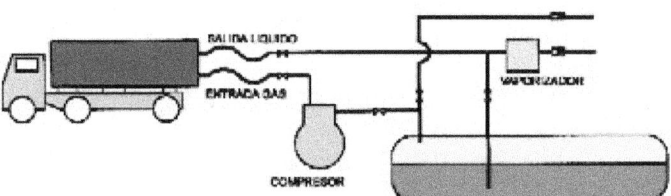

Instalación G.L.P. con equipo de trasvase en fase gas

Las instalaciones industriales de GLP están equipadas con un vaporizador que hace "hervir" el líquido a fin de obtener el caudal de gas necesario y equipo de llenado propio, bien con una bomba en la fase líquida o con un compresor en la fase gas. Los camiones cisterna están provistos de dos mangueras para el llenado y el equilibrio de presiones y un equipo de trasvase por compresor. Una vez conectadas las mangueras se equilibran presiones entre el camión y el depósito vacío, poniéndose en marcha el compresor, que aspira gas del depósito, inyectándolo a presión en el camión a presión. La sobrepresión causada en este último hace que el líquido salga del camión, llenando el depósito.

Las instalaciones de gas natural con ERM (estaciones de regulación y medida) pueden ser del tipo de suministro "crítico" (esto es, no interrumpible), lo cual obliga a duplicar las líneas de regulación y, en cada una de ellas, a colocar dos manorreductores en serie de modo que entre el segundo si falla el primero. Las ERM están provistas de contador y mecanismo corrector del caudal registrado a partir de los valores de la presión y la temperatura.

4. COMPONENTES DE LAS INSTALACIONES DE GAS

4.1. Conducciones, válvulas de corte y regulación

Para la distribución de gases combustibles se emplean tuberías de:

- Cobre, de 1 mm. de espesor de pared para conducciones vistas.

- Cobre, de 1,5 mm. de espesor para conducciones enterradas.

- Acero estirado sin soldadura para medios y grandes diámetros.

- Polietileno, en conducciones enterradas y empotradas.

Llave de paso PN5

Estas conducciones se unen habitualmente mediante técnicas de soldadura propias y, más raramente, mediante accesorios de compresión. En la unidad didáctica 7 de este texto se tratan en mayor profundidad las técnicas específicas de montaje, así como la función y características técnicas de las llaves de corte y regulación.

Para más abundamiento podemos recurrir al módulo profesional "Técnicas de mecanizado y unión" de primer curso.

4.2. Elementos de regulación

4.2.1. Manorreductores fijos de BP

Un manorreductor está definido por los siguientes parámetros:

- Presión máxima de entrada.

- Presión de salida, siendo las normalizadas de 22 mBAR para el GN, 30 mBAR para el gas butano y 37 mBAR para el gas propano. En ocasiones se emplean 50 mBAR. y 112 mBAR para el gas propano.

- Caudal máximo a la presión de salida expresada en Nm³/h para el gas natural y en Nm³/h y Kg/h para los G.L.P.

En la figura se detalla un regulador de baja presión fijo. Sus componentes fundamentales, que son fácilmente identificables son:

- Membrana (1).

- Muelle antagónico o de regulación (2).

- Orificio de equilibrio de presiones (3).

- Obturador (4).

- Sistema de transmisión (5).

Partimos de la ausencia de consumo. En tal caso el obturador está cerrado. Al haber consumo, la presión en la cámara inferior (verde) baja y la suma de las presiones del muelle antagónico y la atmosférica, que penetra en la cámara superior a través del orificio de igualación, desplaza la membrana hacia abajo, abriendo el obturador.

Con un consumo estable, el obturador está ligeramente abierto, de forma que provoca una caída de presión en el gas. La presión de salida actúa sobre la membrana y se opone a la fuerza del muelle, de modo que el sistema de palancas se mantiene inmóvil.

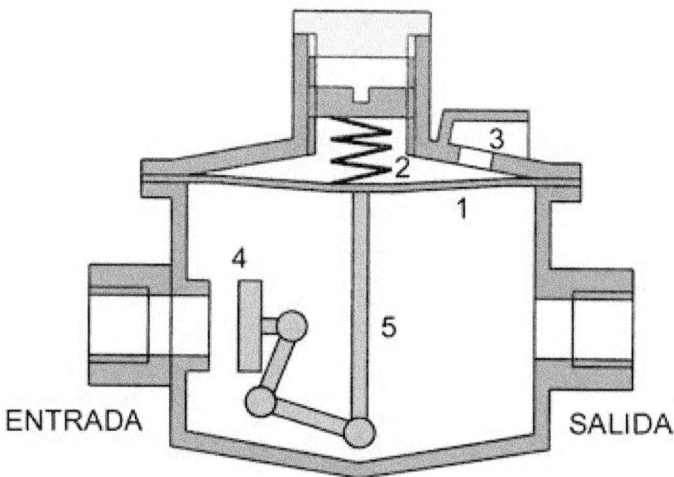

Manorreductor fijo baja presión

Al disminuir el consumo, la pérdida de carga a través del obturador disminuirá, con lo que la presión de salida se elevará. La membrana comprimirá el muelle y, mediante el sistema de transmisión provocará el cierre del obturador, provocando una mayor pérdida de carga y, por tanto, una disminución de la presión de salida. Cuando haya un aumento de consumo disminuirá la presión aguas abajo, por lo que la fuerza ejercida por la membrana será menor. El muelle la empujará hacia abajo y a través del mecanismo de transmisión se abrirá el obturador, con lo que la pérdida de carga en el disminuirá, remontando la presión.

Si tensamos el muelle antagónico aumentamos la presión de salida. Si lo destensamos la presión de salida se reducirá. En reguladores de pequeña y media capacidad el muelle está precintado de modo que no se puede tocar. Para mayores consumos el muelle es accesible quitando una tapa, con lo que nos encontraremos con un manorreductor "ajustable" entre unos márgenes pequeños.

Intencionadamente omitiremos la descripción y análisis de los manorreductores pilotados, para grandes instalaciones, y que se salen por tanto de los límites de este texto.

4.2.2. Válvulas de intercepción VIS de mínima presión

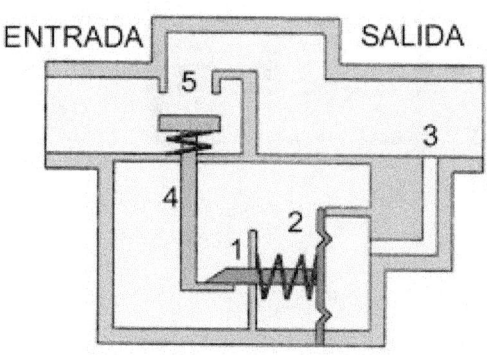

VIS de mínima

Si por cualquier causa cortamos el suministro de gas a un receptor, el fuego se apagará. Si se restablece el servicio e, inadvertidamente, no se ha cerrado la llave de corte, el gas saldrá sin encenderse, pudiendo provocar una explosión, excepto en el caso de que el receptor disponga de un sistema de seguridad (termopar o similar) para evitarlo.

Ello hace necesaria la existencia, especialmente en las instalaciones de gas centralizado, de algún dispositivo que bloquee la salida automática del gas al restablecerse el suministro. Tal es la función de la denominada VIS (válvula de intercepción de mínima presión).

En la figura se esquematiza su funcionamiento. El trinquete 1 es solidario a la membrana 2 y retiene al vástago del obturador 4. Si la presión de salida baja de un determinado valor (12,5 mBAR en los reguladores de contador de GN) y es detectada a través del orificio 3 el trinquete se libera y salta. El obturador bloquea el paso del gas.

El rearme de la VIS puede ser manual, en cuyo caso se ha de actuar sobre ésta, o automático, de modo que se rearma sólo cuando la presión aguas abajo sube de un determinado valor. El rearme automático sólo se produce si todas las llaves de los aparatos de consumo están cerradas. En este caso, a través de un pequeño orificio que queda permanentemente abierto en la VIS se va "llenando" la conducción poco a poco hasta llegar a la presión de rearme. Esta operación puede durar varios minutos.

4.2.3. Válvulas de intercepción VIS de máxima presión

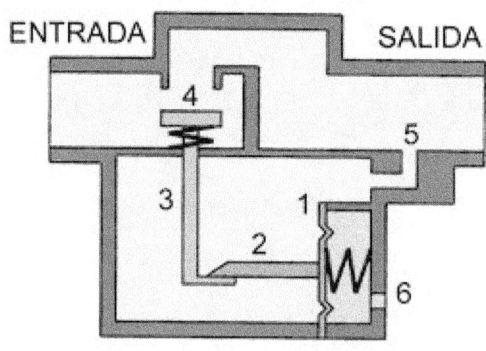

VIS de máxima

Las válvulas de intercepción de máxima presión tienen como función bloquear el paso del gas en el caso de un exceso de presión no transitorio. El rearme de la VIS de máxima es siempre manual.

La membrana 1 es solidaria al trinquete 2 que retiene al vástago del obturador 3. Si la presión de salida sube de un determinado valor, detectable a través del orificio 5, el trinquete se libera y salta. El obturador bloquea el paso del gas en el cierre 4. El orificio 6 corresponde al equilibrador con la presión atmosférica, que deberá estar perfectamente limpio.

4.2.4. Válvulas VES

Las válvulas conocidas como VES o válvulas de escape por sobrepresión también se conocen como VAS (válvulas de alivio por sobrepresión). Se incorporan en manorreductores de caudales medios y altos y su misión es descargar a la atmósfera sobrepresiones transitorias sin cortar la línea de distribución de gas en la que están instalados, a través de un conducto que desemboque a lugar seguro. Por ello se emplean en rampas de alimentación con electroválvulas, en las cuales puede ser frecuente un "tirón" al abrir éstas. No se debe confundir nunca una VAS con una VIS de máxima.

4.2.5. Manorreductores fijos de BP con VIS incorporada

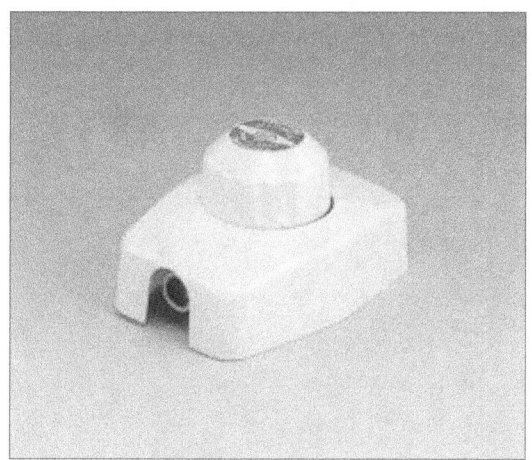

Manorreductor fijo de BP con VIS de mínima, rearme manual

En el grafo de la izquierda se representa un regulador con VIS de mínima incorporada y rearme manual de pequeña capacidad (hasta 6 Kgs/h), que se utilizan en instalaciones centralizadas de gas propano en los sectores de vivienda y terciario.

Manorreductor fijo de BP con VIS de mínima rearme automático

Los reguladores de contador, como el que vemos a la derecha, se emplean en las instalaciones domésticas de gas natural y están equipados con una VIS de mínima presión incorporada y rearme automático. Caso de que la presión adopte valores inferiores a 125 mm.c.a., ésta saltará, bloqueando la salida del gas. Una fuga controlada del orden de 6 l/h llenará la conducción solamente en el caso de que todos los grifos de los aparatos estén cerrados, de modo que una vez la presión vuelva a aproximarse a la nominal del regulador (220 mm.c.a.) éste se regulará automáticamente.

4.2.6. Manorreductores regulables de MPA y MPB

Manorreductor regulable MPB con manómetro

Con o sin manómetro, que nos lee la presión de salida, disponen de un robusto muelle antagónico o de regulación que es fácilmente manipulable gracias a una maneta, con lo que es muy sencillo regular la presión de salida entre amplios valores. Normalmente los de MPA entre 0 y 300 gr/cm^2 y los de MPB de 0 a 3 BAR.

4.2.7. Manorreductores industriales

Muy robustos y fiables, pueden disponer de VIS de máxima y VIS de mínima, siempre con rearme manual. Pueden ser roscados o con bridas para su conexión a una tubería de acero.

Los reguladores industriales disponen de una amplia gama de muelles que permite modificar la presión de salida entre unos márgenes amplios. Sus caudales nominales se expresan en m^3/h tanto para gas propano como para gas natural.

Su toma de impulsos puede ser interna o externa, mediante un tubo de pequeño diámetro conectado a la salida del regulador. Los más grandes y más perfeccionados llevan un sistema de pilotaje, con un pequeño manorreductor auxiliar incorporado en el cuerpo del principal que da una gran estabilidad a la presión regulada.

Manorreductor industrial

4.2.8. Manómetros, ventómetros y válvulas pulsadoras

Los manómetros utilizados en gas son del tipo Bourdon.

Manómetro seco tipo Bourdon

Los manómetros para altas presiones, tal como para los que se utilizan para los depósitos fijos de G.L.P., utilizan glicerina, con lo que se evita que se rompan al amortiguar las vibraciones que el manómetro sufre cuando se carga el depósito debido al uso de la bomba del camión cisterna.

Los manómetros para media presión son del mismo tipo, pero secos, con final de escala de 3 ó 5 BAR en MPB y 600 grs/cm^2 en MPA

Los manómetros para baja presión, también llamados ventómetros, tienen escalas que oscilan de 0 a 10 hasta 0 a 400 mBAR. Son muy delicados y por ello deben utilizarse instalados conjuntamente con una válvula pulsadora. La citada válvula abre el paso del gas cuando se pulsa, leyendo entonces el ventómetro. Al soltar cierra el paso y descarga la pequeña cantidad de gas que queda entre la pulsadora y el manómetro, que entonces se pone a cero.

4.2.9. Válvulas de escape VES

Las válvulas de escape por sobrepresión tienen la función de aliviar ésta a la atmósfera en el caso de que resulte puntualmente excesiva. No deben utilizarse como seguridad para una sobrepresión continua, función que se reserva a la VIS de máxima. En el grafo que se acompaña se ve perfectamente su funcionamiento. Si la presión en la conducción es excesiva la membrana se desplaza hacia arriba, venciendo la acción del muelle antagónico y abriendo el aliviadero, que, mediante una conducción descargará a la atmósfera, en zona segura. Este tipo de válvula sólo se utiliza para equipos de alto consumo en instalaciones industriales y del sector terciario.

4.3. Valvulería específica para instalaciones con envases móviles de G.L.P.

4.3.1. Envases UD 125

La botella UD-125 (en denominación Repsol YPF) es un recipiente metálico portátil destinado a contener G L P, utilizada para el consumo doméstico en instalaciones de baja presión. Su carga nominal es de 12,5 kg de Butano Comercial. En su parte superior está soldado un collarín en el cual esta roscada una válvula "Kosangas" que permite el conexionado de los correspondientes adaptadores a la botella y que dispone de una válvula de seguridad que salta a una presión de 28 BAR y está provista de una caperuza que proteger la parte superior de la válvula contra choques y golpes, suciedad y cierra la válvula de la bombona en caso de fuga, además de proteger el anillo elástico del medio ambiente. Su sistema de cierre y apertura es del tipo "obús" solamente accionable mediante adaptadores especialmente diseñados para este fin, lo cual le da una máxima seguridad cuando es manipulado por personal no experto.

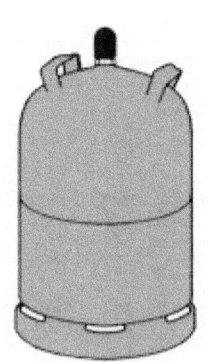

Envase gas butano UD 125

Sus datos técnicos son:

- Diámetro: 300 mm.
- Capacidad: 26,1 L.
- Altura: 475 mm.
- Peso: 13,9 Kgs

La vaporización natural en una botella del tipo UD 125 es muy variable según el grado de llenado y la temperatura exterior. Su uso se limita a funcionamiento intermitente no pudiendo sobrepasarse los 0,3 Kgs/h en servicio continuo y los 0,5 Kgs/h en servicios de 2 horas. Todo ello a una temperatura de +10° C. Para mayores consumos o temperaturas bajas se requiere la utilización de gas propano.

4.3.2. Envases UD 110

El mismo envase denominado UD-125, utilizado para el almacenamiento de gas butano, se utiliza para el almacenamiento de gas propano, pudiendo contener 11 Kgs. de éste. Como sabemos, la tensión de vapor del propano es mucho más alta que la del butano, lo que permite utilizarla cuando hay problemas de vaporización, como instalaciones domésticas exteriores en zonas muy frías y para aparatos de alto consumo, como las cocinas semiindustriales con portabombonas, en las que la normativa no permite la instalación de más de dos botellas en descarga simultánea.

Se distinguen de las destinadas a almacenar butano en la franja horizontal de color negro pintada en su cuerpo o, en algunos casos, en sus asas.

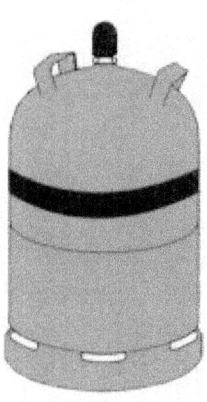

La vaporización natural en una botella del tipo UD 110 es mucho más alta que la de la UD 125, también según el grado de llenado y la temperatura exterior, dando 0,8 Kgs/h en servicio continuo y 1,1 Kgs/h en servicios de 2 horas. Todo ello a una temperatura de 0° C. Por ello se puede emplear para instalaciones en donde sea previsible una baja temperatura exterior y/o consumos medios, pudiéndose acoplar dos o más envases en paralelo, formando baterías. Recordamos que la densidad del gas propano es de 2 Kgs/Nm^3 por lo que su poder calorífico se puede estimar en 12.000 Kcal/Kg.

Envase gas propano UD 110

La botella UD 110, conocida como "propanito" es muy adecuada para su instalación en terrazas.

4.3.3. Envases I 350

La bombona I-350 (denominación de Repsol YPF) se utiliza para usos domésticos, comerciales e industriales, siendo su carga nominal de 35 kg de propano comercial.

En el casquete superior lleva un collarín en donde se rosca la válvula de salida tipo IESA, roscada, con una salida 21,8 de 14" W izquierda, rosca específica para este tipo de válvulas y que impide sean conectadas a ella elementos no autorizados. Dispone de una válvula de seguridad que

Envase gas propano I 350

dispara a 28 BAR. El envase I-350 solamente debe ser manipulado por personal experto.

Datos técnicos del envase:

- Diámetro exterior: 300 mm.

- Capacidad: 83 litros (1- 0,5)

- Altura: 1.430 mm.

- Peso 35 kg.

La vaporización natural en una botella del tipo I 350 es similar a la de la UD 110, ya que depende de la superficie mojada que es la misma. Su mayor capacidad hace que sea utilizada para todo tipo de usos. Generalmente se utilizan acopladas en batería y en descarga simultánea, a razón de 1 botella por cada Kg/h de consumo continuo o de 1,5 Kg/h de consumo intermitente.

4.3.4. Envases "populares"

Se conocen como tales envases con capacidades inferiores de gas (hasta 2,5 Kgs), transportables, a sobre los cuales el abonado rosca una válvula con salida 21,8 de 14" W izquierda. Este tipo de envases no disponen de válvula de seguridad.

4.3.5. Adaptador- regulador "Kosangas" K 30

El regulador Kosangas K-30 es un dispositivo de conexión rápida que permite la extracción y utilización del gas contenido en el interior de la bombona a una presión de 32 gr/cm². Se emplea exclusivamente para instalaciones de gas butano en BP.

En su parte superior lleva una palanca para abrir y cerrar el paso de gas. Está protegido contra el riesgo de rotura de su diafragma, por medio de una válvula de seguridad que se dispara dando salida al gas, por la parte superior del regulador, cuando la presión en dicha cámara supera el valor de 120 g/cm. La estanqueidad queda asegurada cuando las tres bolas de que dispone en su parte inferior encajan en el collarín de la válvula Kosangas de que está dotado el envase UD 125. Su salida es una tetina para la conexión del tubo flexible, aunque hay una variante con salida roscada para latiguillo flexible.

Adaptador Kosangas K 30

En caso de incendio, si el regulador se encuentra conectado a la bombona, la baquelita que forma parte del regulador, se funde, desconectándose de la válvula de la bombona e interrumpiendo por lo tanto la salida de gas.

4.3.6. Adaptador de salida libre

El adaptador de salida libre es un elemento de acoplamiento rápido sobre válvula tipo "Kosangas" por medio de un anclaje de 6 bolas. Actúa a modo de llave de paso, no debiéndose utilizar como regulador, sino de retención para evitar fugas de gas a través del propio adaptador, para dar toda la presión de que dispone la botella. Dispone de una válvula procedentes de otras bombonas conectadas en batería, especialmente durante las operaciones de cambio.

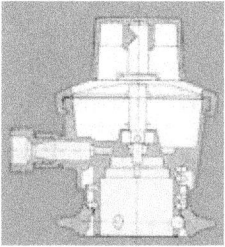

Adaptador Kosangas K 30

Se utiliza habitualmente para acoplar envases del tipo UD 110, de gas propano en paralelo, de modo que la descarga del gas sea por igual en todas las unidades. Los dos tipos que coexisten en el mercado son de apertura 1/4 vuelta, con sistema de bloqueo, y de apertura mediante el giro de la maneta. La maneta es, obligatoriamente, de color ROJO.

4.3.7. Adaptador - regulador Kosangas de presión regulable

Este adaptador "Kosangas" permite una regulación de presiones comprendidas entre 0,5 y 2 kg/cm². Se acopla a los envases UD 110 de propano y UD 125 de butano con el mismo sistema rápido que el adaptador de salida libre con mando giratorio indicado en el apartado anterior. La única diferencia exterior es que el mando es NEGRO.

Nunca se deberán confundir ambos tipos y, mucho menos, mezclarse. El adaptador-regulador se puede utilizar solamente para un envase, siendo práctico para sopletes y quemadores de MPB. Nunca se debe utilizar para acoplar botellas en paralelo, ya que (como es el caso más probable) si su reglaje no es idéntico solamente saldrá gas de las botellas con regulación más alta, con lo que no se descargarán por igual todas ellas.

4.3.8. Latiguillos

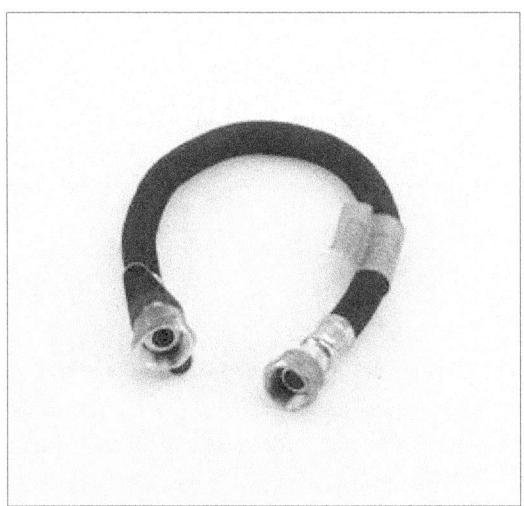

Latiguillo reforzado alta presión

Los latiguillos son tubos flexibles resistentes a la alta presión, homologados para soportarla. Sus extremos llevan tuercas con racords locos, siendo una de ellas de rosca T 20x150 y la otra T 21,8 W izquierda.

Permiten conectar los envases móviles a las instalaciones fijas de G.L.P., en las que se encuentran tes y codos "rampa" con rosca M 20x150. A saber:

- Envases I-350, roscándose la tuerca T 21,8 W izquierda a la salida de la válvula IESA a y la tuerca T 20x150 al codo o te "rampa".

- Envases UD 110, en que se utilizará un adaptador de salida libre, roscándose la tuerca T 21,8 W izquierda a la salida de éste y la tuerca T 20x150 al codo o te "rampa".

Los latiguillos deberán estar dotados de una aleta antitorsión, que evite se "enrosquen" al conectarlos a las botellas.

4.3.9. Válvulas de retención

Válvula de retención M/H 20x150

También denominadas anti-retorno, tienen como misión permitir el paso del gas en un solo sentido, cerrando el paso en sentido contrario, debiendo llevar marcado claramente el sentido de circulación. Se instalan en los colectores de las baterías de envases en paralelo, permitiendo que, caso de fuga o rotura de un latiguillo, solamente se descargue la botella afectada. Tienen una rosca M 20x150 y una rosca H 20x150, lo que les permite ser conectadas a las tes o codos de rampa que se colocan en los colectores.

4.3.10. Inversores manuales

Permiten la continuidad en la alimentación del gas y disponen de dos entradas de gas y una de salida a la canalización.

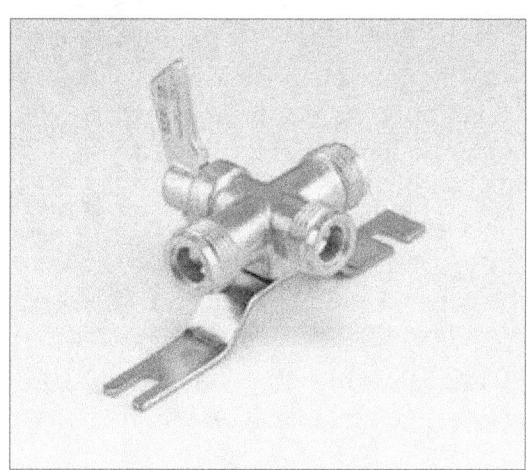

Inversor manual

47

En la mayor parte de los inversores manuales hay una maneta de mando con tres posiciones. La maneta marca a la izquierda cuando se utiliza este ramal, a la derecha si se usa el otro y en el centro cierra totalmente el paso. Si se agotan las botellas que estaban suministrando gas a los aparatos de consumo, no hay más que girar la llave del mismo.

Los inversores manuales solamente se pueden utilizar si, en un momento dado, se puede interrumpir unos instantes la alimentación, ya que, cuando se acaba el gas en un ramal de la batería, se agotará en la canalización y habrá que cerrar las botellas vacías, cambiar la maneta de posición y abrir las de reserva.

Otros inversores manuales son realmente dos válvulas manuales (una para cada colector) totalmente independientes. En la unidad didáctica correspondiente indicaremos las normas para el correcto manejo de los inversores manuales a fin de no quedarnos nunca sin servicio.

4.3.11. Inversores automáticos

Permiten prestar un servicio ininterrumpido de gas a las instalaciones, ya que nunca la red de distribución se queda sin éste.

Su fundamento es la existencia de dos manorreductores montados en un bloque, con una salida común y conectada la entrada de cada uno de ellos a uno de los ramales de la batería. El tarado de sus muelles es tal que sus presiones de salida son del orden de 0,7 BAR y 1,5 BAR. Una maneta con un mecanismo de excéntrica permite ir alternando estos tarados entre la entrada de la derecha y la de la izquierda. Se completa el sistema con un manómetro de control. Describiremos el proceso:

Inversor automático

1. Supongamos la maneta en posición "izquierda" y las botellas de ambos ramales de la batería llenas y abiertas. El regulador de la izquierda tendrá una presión de salida de 1,5 BAR y el de la derecha 0,7 BAR. El gas saldrá del ramal de la izquierda hasta agotarse y el manómetro de control marcará 1,5 BAR.

2. Las botellas del ramal izquierdo se han agotado. Entrará en marcha el ramal de la derecha, tarado a 0,7 BAR, y con sus botellas llenas de

gas. Éste sigue saliendo pero ahora el manómetro de control marcará 0,7 BAR, entrando en "reserva" y advirtiéndonos de ello.

3. Cuando nos repongan las botellas vacías giraremos la maneta. Ahora el regulador de la derecha tendrá una presión de salida de 1,5 BAR y el de la izquierda 0,7 BAR. El gas saldrá del ramal de la derecha hasta agotarse y el manómetro de control marcará de nuevo 1,5 BAR. Las botellas de reserva están intactas. Comenzamos de nuevo el ciclo.

El inversor de la imagen lleva el manómetro de control o "visobip" en la cara frontal del mando.

4.3.12. Limitadores de presión

Los limitadores de presión son dispositivos de seguridad que se instalan a la salida de los reguladores de alta y media presión, para evitar que un fallo de éstos haga llegar a la red una presión superior a la prefijada y que es de 1,75 BAR para los limitadores para usos no industriales y de 3 BAR para estos últimos. No son válidos como reguladores, ya que lo que prima en su construcción es la robustez y la seguridad.

Si la presión de entrada es alta puede llegar a bloquear el aparato, por lo que se deberá "descargar" la conducción aguas arriba del limitador para reponer su funcionamiento. Por ello no se pueden conectar directamente a las botellas de G.L.P.

4.4. Componentes específicos para instalaciones con depósitos fijos de G.L.P.

4.4.1. Depósitos

Son recipientes de acero con una o más virolas cilíndricas y dos fondos de forma semielíptica o semiesférica unidas por soldadura y están destinados a contener G.L.P. en estado líquido bajo presión, para su utilización en instalaciones receptoras domésticas o industriales. Sirven tanto para montaje aéreo, en superficie, como para montaje enterrado.

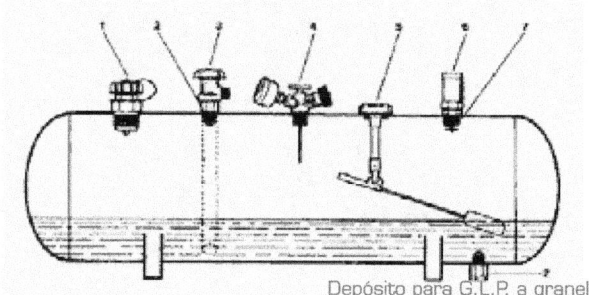

Depósito para G.L.P. a granel

Limitador de presión

Los depósitos están protegidos contra la oxidación mediante procedimientos homologados y cubiertos de una capa de pintura blanca reflectante (en el caso de los depósitos aéreos) o negra (depósitos enterrados). Disponen de soportes o patas con taladros para fijarlos a su cimentación y orejetas en la parte superior para facilitar el traslado, descarga y colocación en su emplazamiento.

Sobre su generatriz superior, el depósito lleva una serie de tubuladuras y collarines soldados para el alojamiento de las válvulas y componentes necesarios para su utilización. A saber:

1. Válvula de carga o llenado.

2. Check-lock.

3. Llave de utilización fase líquida (con adaptador).

4. Multiválvula con indicador punto alto de llenado.

5. Nivel magnético.

6. Válvula de seguridad.

La carga máxima en un depósito de G.L.P. corresponde al 85% de su volumen, por lo que teniendo en cuenta que la densidad del propano líquido es 0,5, será del 85 x 0,5 = 42,5% de éste.

Ejemplo:

¿Cuál es la carga máxima de gas propano en un depósito de 4.000 litros?

R = 4000 x 0,425 = 1.700 Kgs.

La vaporización natural continua en Kgs/hora de los depósitos más utilizados en instalaciones pequeñas y medias, a una presión de servicio de 1,25 BAR y cargados al 20% de su capacidad total se indica en la tabla adjunta.

VOLUMEN	VAPORIZACION CONTINUA EN KGS/HORA				
	AEREOS				ENTERRADOS
	−5° C	0° C	+5° C	+10° C	
2.450 litros	9,5	11,6	13,3	16	9,7
4.000 litros	14,2	17,4	20,6	23,9	14,4
6.650 litros	22,5	27,7	32,8	37,9	23
8.334 litros	27,6	33,9	40,1	46,4	26,1

4.4.2. Válvula de carga

También denominada válvula de llenado o boca de carga, tiene como misión permitir el llenado de G.L.P en fase líquida, desde el camión cisterna de suministro. Está dotada de doble cierre de retención, uno de los cuales, ubicado en la parte inferior de la misma, se situará en el interior del depósito con el fin de impedir la salida de gas en caso de una rotura o seccionamiento de la válvula. El cierre se realiza automáticamente gracias a la acción de un muelle antagonista y la propia presión del gas del depósito.

Se roscará a un collarín de fase gas de 1 1/4" NPT, siendo su rosca de salida la normalizada para la conexión a manguera 1 3/4" ACME. La boca de carga tiene que estar dotada de un tapón de plástico o metálico que impida la entrada de cuerpos extraños que podrían impedir el cierre de la válvula tras la finalización de las operaciones de trasvase.

Si el depósito está alejado de la zona de acceso del camión cisterna (caso de los depósitos ubicados en las terrazas, por ejemplo) se puede utilizar la denominada "boca de carga a distancia" que dispondrá de los siguientes elementos:

- Válvula de carga de doble retención.

- Llave de corte rápido PN40.

- Manómetro de glicerina, con llave que facilite su reparación o sustitución.

- Válvula de seguridad hidrostática.

En este caso, sobre la válvula de carga instalada en el depósito se colocará un adaptador que permita conectarla, mediante una tubería de acero estirado sin soldadura de 1 1/2" con la indicada boca de carga a distancia.

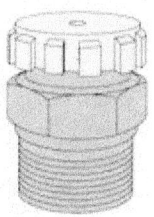

Válvula de carga

4.4.3. Válvula de seguridad de exceso de presión

Este elemento tiene como misión dar salida a cierta cantidad de gas si se sobrepasa la presión de tarado de la válvula, que es de 20 BAR, presión de timbre del depósito. La válvula deberá cerrar cuando la presión baje y en ella figurarán la presión de tarado y el caudal de descarga en m³/minuto de aire. Las válvulas se conectan directamente a un collarín en la zona de fase gaseosa, habitualmente de 1 1/4" NPT.

Las válvulas de tipo interno disponen de un muelle que está alojado en el interior del depósito, mientras que las de tipo externo llevan éste en el exterior del mismo. Ambos tipos tienen que estar dotados de un tapón de plástico o similar que impida que se introduzcan cuerpos extraños,

Válvula de seguridad externa

de forma que una vez que ha disparado la válvula, estas partículas impidan el cierre del platillo, provocando una fuga permanente de gas.

4.4.4. Multiválvula

Este dispositivo es el encargado de controlar la salida de G.L.P. en fase gaseosa del depósito a los aparatos de consumo a través de la instalación. Aloja el indicador de máximo llenado o punto alto, un orificio de 1/4" para alojamiento del manómetro de control de la presión del depósito y la conexión al limitador de caudal o controlador de exceso de flujo, que tiene como función bloquear la instalación caso de rotura de un regulador, una conducción o cualquier otra causa que provoque un consumo anormal de gas. La multiválvula se conecta a la fase gas del depósito, a un collarín con rosca NPT 3/4" que no lleve un tubo sonda.

Multiválvula

El indicador de nivel de máximo de llenado (punto alto) sirve para verificar, durante la operación de llenado, el buen funcionamiento del nivel y de que no se sobrepasa el 85% del total del depósito. Consiste en una varilla hueca roscada a la multiválvula, en la que se encuentra un tornillo moleteado de cierre que en la imagen está situada a la derecha del manómetro (tornillo moleteado pequeño). La gran importancia de este elemento en cuanto a seguridad de la instalación justifica que volvamos sobre él más adelante.

El manómetro de lectura de la presión del G.L.P. en el depósito es de glicerina, lo cual permite absorber las vibraciones causadas durante el llenado del depósito, y su escala es de 0 a 40 BAR.

4.4.5. Válvula de salida en fase líquida

Check-lock

Se conocen habitualmente como válvulas "check – lock" y tienen cierre automático por exceso de flujo. Se utilizan para eliminar residuos o impurezas, y, ocasionalmente, para el vaciado del depósito. Las utilizadas en los pequeños y medianos depósitos tienen conexión de 3/4" NPT y se instalan en la generatriz inferior de los depósitos (caso de aéreos) y/o en la parte superior de los mismos, conectadas a un tubo sonda que desemboca a poca distancia del fondo del depósito.

La check-lock está cerrada con un tapón que debe ajustar perfectamente. Si es necesaria su utilización se empleará un adaptador con rosca normalizada junto con una válvula de salida de fase líquida. Al roscar el adaptador la check - lock abre.

4.4.6. Indicador de nivel

Permite conocer la cantidad de G.L.P. existente en el depósito en un cuadrante horizontal colocado sobre la generatriz superior del depósito y graduado en %. Su zona de "servicio" está comprendida entre el 85% (llenado máximo) y el 30% (reserva). Además permite controlar, durante

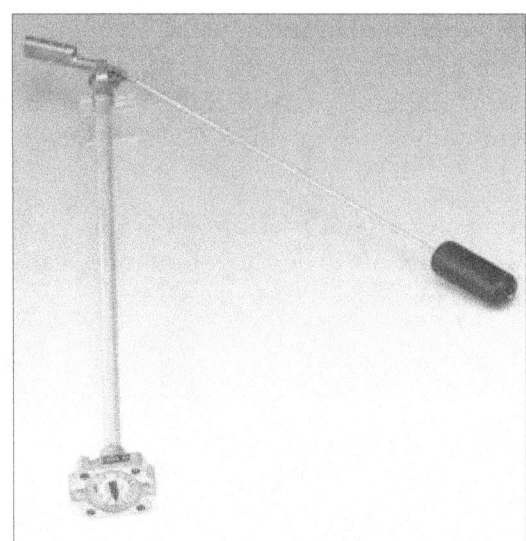

Indicador de nivel magnético

el llenado, el estado de carga, aunque en esta operación se debe utilizar además, para una mayor seguridad, el indicador de punto alto de llenado.

El nivel dispone de una boya metálica situada al extremo de una varilla, y con un contrapeso en el otro, que, a través de un mecanismo, transmite la posición de la boya a un imán horizontal colocado en el extremo de un eje vertical. En el exterior del depósito, y sobre este imán se encuentra otro flotante y que gira por efecto del anterior, sobre una esfera graduada en tantos por ciento que indican la cantidad de G.L.P. en fase líquida existente en el depósito. La conexión del indicador magnético de nivel al depósito, se realiza mediante cuatro tornillos, intercalando entre ambos unas juntas que garantizan la estanqueidad del acoplamiento.

La longitud del nivel está determinada para cada uno de los diámetros de los depósitos, no pudiendo utilizarse más que el adecuado ya que, en caso contrario, la lectura no será fiable. Los depósitos pequeños y medianos suelen tener un diámetro de 1.200 a 1.500 mm.

Ejemplo

Calcular cual es la cantidad máxima de G.L.P. que se puede cargar en un depósito de 4.000 litros, teniendo en cuenta que su densidad es de 0,5 Kgs/litro.

Dado que la carga máxima es del 85% del volumen, expresando esta el litros será de 4000x0,85 = 3400 litros y expresándola en kilogramos de 3400x0,5 = 1700 Kgs.

4.5. Componentes específicos para instalaciones de gas canalizado

4.5.1. Contadores

Los contadores registran el caudal en m³ que consume cada abonado, a una presión determinada, impuesta por el regulador de entrada. Habitualmente:

- Contadores de gas natural: 220 mm.c.a.

- Contadores de gas propano en BP: 370 mm.c.a.

- Contadores de gas propano en MPB: 0,8 BAR.

- Contadores para usos industriales: hasta 3 BAR.

Las compañías suministradoras facturan en realidad consumo energético, aunque tanto en la lectura como en el recibo se indican los m³ que se han consumido, que representarán valores muy diferentes de acuerdo a las presiones y las temperaturas del gas.

Contadores de membrana

Ejemplo

Qué cantidad de energía se ha consumido en una instalación de gas propano provista de un contador alimentado de un manorreductor de baja presión a 370 mm.c.a. si el citado contador totaliza un valor de 11 m³. El PCS del gas propano se estima en 24900 Kcal/Nm³. La temperatura del gas es de +20° C.

Aplicaremos la ecuación de los gases perfectos (2)

$$PC_R = PC_N \times P_{ABS} \times \frac{273}{T_R}$$

En la que:

PC_R = Poder calorífico (en este caso el superior) en condiciones reales.

PC_N = Poder calorífico superior en condiciones "normales" = 24900 Kcal/Nm³

P_{ABS} = Presión absoluta = 1 + 0,037 = 1,037 BAR.

T_R = Temperatura absoluta del gas = 273 + 20 = 293 K.

$$PC_R = 24900 \times 1,037 \times \frac{273}{293} = 24058 \, Kcal/m^3$$

$$Q = 11 \times 24058 = 264638 \, Kcal.$$

Los contadores de membrana son los más empleados para consumos bajos y medios y los de turbina para usos industriales. Todos ellos tienen una presión máxima de entrada que no se puede sobrepasar y unos caudales máximo y mínimo indicados en catálogo. Otro dato técnico importante es la pérdida de carga, que en los de membrana es del orden de 10 mm.c.a.

Contador de turbina

4.5.2. Armarios de regulación

Armario de regulación AR 25,50 y 100 en MPB

Los armarios de regulación son ejecuciones normalizadas por las compañías distribuidoras que incluyen, además, los accesorios necesarios para el filtrado, seguridad y comprobación de presiones. Se conectan a la acometida de gas natural o propano canalizado MPB y su salida es en BP o MPA. Si se utilizan para alimentación directa a un contador su salida es a 220 mm.c.a., y si son para una reducción intermedia de MPB a MPA es a 550/700 mm.c.a. Bajo demanda pueden sustituirse los muelles del regulador admitiendo presiones de salida de hasta 150 mBAR.

Se ejecutan sobre envolvente de poliéster estanca al agua, y en ellos se incluyen llaves de corte a la entrada y salida, filtro para partículas sólidas, manorreductor con VIS de mínima y VIS de máxima, válvula de escape VES toma de presión en MP tipo Peterson y toma de presión en BP tipo "débil calibre".

Armario de regulación 2 G-4 en MPB

Los modelos más pequeños son modelos de abonado con espacio para la inclusión de uno o dos contadores y salida en BP a la presión de utilización. Los armarios para G.L.P. pueden estar previstos para presiones más altas lo que reduce sensiblemente el diámetro de las conducciones. No obstante, es conveniente (y a veces obligado) prever la sustitución de los G.L.P. por gas natural, debiendo dimensionarse las instalaciones a tal efecto.

Adjuntamos una tabla con las características básicas de uno de los tipos más habituales con entradas en acero y salidas en cobre y/o acero. Otros modelos tienen entradas en cobre o polietileno (PE).

Modelo	G-4	2G-4	AR 25	AR 50	AR 100
Caudal nominal	6 m³/h	10 m³/h	25 m³/h	50 m³/h	100 m³/h
Presión entrada	0,4 – 4 BAR				
Presión de salida	22 a 150 mBAR				
VIS máxima	SI				
VIS mínima	NO	NO	SI	SI	SI
VES (VAS)	SI				
Entrada	DN-15	DN-15	DN 25	DN 25	DN 25
Salida	20/22 Cu	20/22 Cu (2)	DN 40	DN 50	DN 65
Contadores	SI (1)	SI (2)	NO	NO	NO

5. DETERMINACIÓN Y SELECCIÓN DE EQUIPOS Y ELEMENTOS. PLANOS DE LA INSTALACIÓN

5.1. Generalidades

En la unidad didáctica 6 destinada a interpretación de planos se detallan los de diversos tipos de instalaciones. En esta unidad didáctica fijamos los criterios básicos de dimensionado que dan pie a la selección de sus componentes. Ello requiere conocer:

- El tipo de gas a utilizar.
- Sistema de almacenamiento o de conexión a canalización de gas.
- Presiones de distribución y almacenamiento.
- Caudal necesario en cada ramal de la instalación.
- Pérdida de carga y velocidad aceptables.

Con ello se pueden determinar los diámetros de las conducciones y las capacidades de los componentes utilizando las tablas 1 a 9 del Anexo II a esta unidad didáctica.

5.2. Gas butano con envases móviles en BP

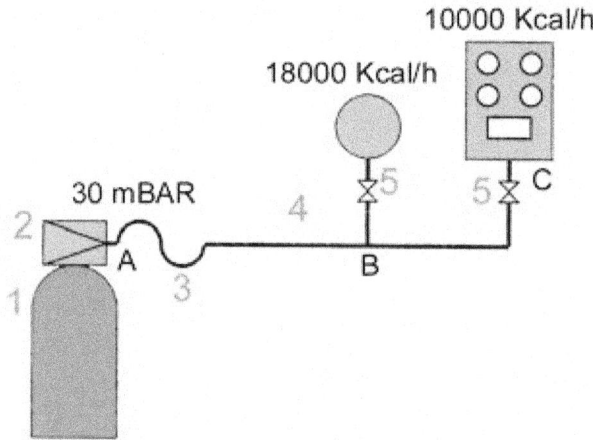

Instalación gas butano en BP

1. ENVASE GAS BUTANO UD 110.
2. REGULADOR KOSANGAS K 30.
3. TUBO FLEXIBLE.
4. TUBO DE COBRE 10/12.
5. LLAVE DE PASO PN 5.

La distancia AB es de 3,00 metros y la BC de 5,00 metros, por lo que las longitudes equivalentes respectivas serán:

Tramo AB = 3 x 1,2 = 3,6 metros.

Tramo BC = 5 x 1,2 = 6 metros.

Utilizamos la tabla 1 con pérdida de carga 5% en cada tramo. Con ello determinaremos los diámetros teóricos de cada tramo:

TRAMO	LONGITUD EQUIV.	POTENCIA	DIÁMETRO
AB	3,60 m.	28.000 Kcal/h	8,9 mm.
BC	6,00 m.	10.000 Kcal/h	6,6 mm.

Estos valores corresponderían a una pérdida de carga del 10% admisible para gas butano, ya que el regulador "Kosangas" da una presión de 32 gr/cm² y los aparatos tienen una presión nominal de 28 gr/cm². Para mayor comodidad y seguridad se adoptaría un diámetro comercial de 10/12.

5.3. Gas propano con envases móviles en BP en paralelo

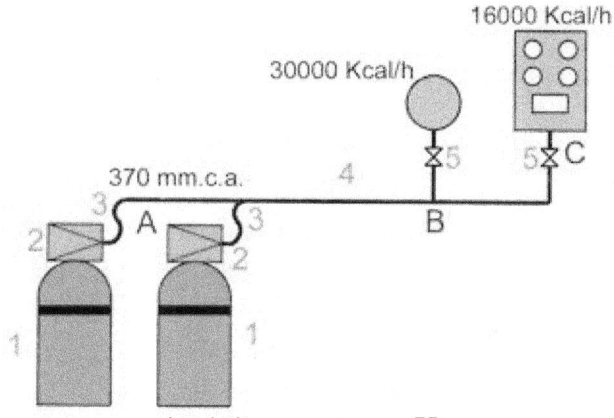

Instalación gas propano en BP

TRAMO AB = 4,00 m.

TRAMO BC = 3,00 m.

Utilizamos este tipo de instalación debido al alto poder calorífico necesario (potencia punta 48.000 Kcal/h) lo que nos daría problemas con gas butano. Además la utilización de gas propano nos asegura que podremos agotar el contenido de los envases lo que no sucedería con gas butano.

1. ENVASES DE GAS PROPANO UD 110.

2. ADAPTADOR SALIDA LIBRE "KOSANGAS"+MANORREDUCTOR BP 37 mBAR.

3. TUBO FLEXIBLE.

4. TUBO DE COBRE 16/18 mm.

5. LLAVES DE PASO PN5.

Tramo AB = 4 x 1,2 = 4,8 metros.

Tramo BC = 3 x 1,2 = 3,6 metros.

Como ejercicio vamos a calcular los diámetros con la tabla 2 de modo que la pérdida de carga entre los dos tramos sea del 5%, esto es del 2,5% para cada tramo, que es lo habitual en las distribuciones de gas propano en BP. Como la tabla es para una pérdida de carga total del 5% duplicaremos las longitudes equivalentes en ambos tramos, **solamente a efectos de cálculo**.

TRAMO	LONGITUD EQUIVALENTE(*)	POTENCIA	DIÁMETRO
AB	9,60 m.	46.000 Kcal/h	15,3 mm.
BC	7,20 m.	16.000 Kcal/h	10,4 mm.

(*) a efectos de cálculo.

Por lo que el tubo a instalar será de 16/18 mm.

5.4. Gas propano con envases móviles en MPB/BP

• El número de botellas se calculará a razón de 1,5 Kgs/h por botella ya que se trata de un consumo intermitente.

• El diámetro de la tubería en MPB se hará utilizando la tabla 4, ya que, al emplear un inversor automático, la presión de reserva es de 0,6 BAR.

• El diámetro de la tubería en BP se calculará mediante la tabla 2, con una pérdida de carga máxima del 5%.

• La autonomía no debe ser inferior a 15 días. En caso contrario se tendrá que consultar con la empresa distribuidora.

• La capacidad nominal del regulador de MPB será, al menos, el doble del consumo máximo simultáneo.

• La capacidad de los reguladores de BP nunca será inferior a su consumo máximo.

En el esquema se representa una instalación para 3+3 botellas I 350, provista de inversor automático. Detallamos sus componentes:

1. ENVASES I 350 DE GAS PROPANO.

2. LATIGUILLOS ALTA PRESIÓN.

3. VÁLVULAS ANTIRRETROCESO.

4. INVERSOR AUTOMATICO.

5. LIMITADOR DE PRESION.

6. LLAVES DE PASO PN 5.

7. MANORREDUCTORES BAJA PRESIÓN FIJOS 370 mm.c.a.

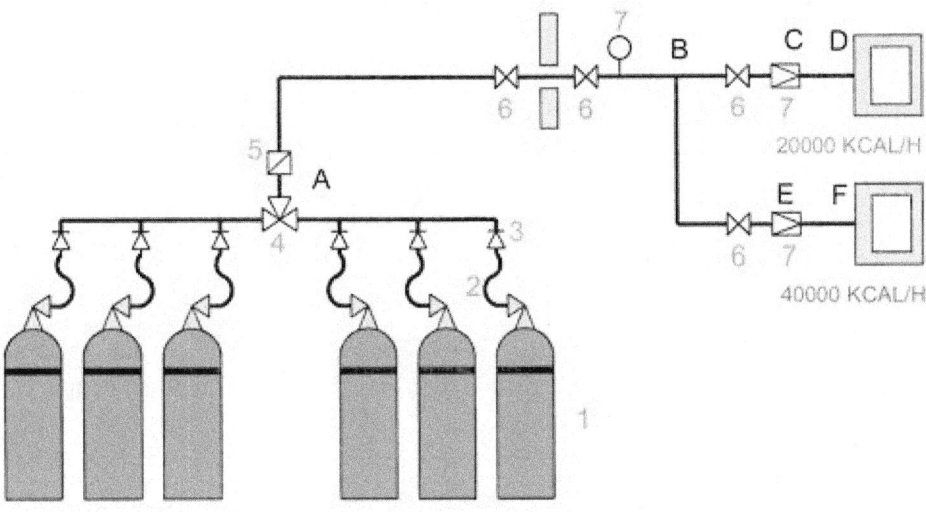

Instalación gas propano MPB/BP

TRAMOS (solo seleccionamos los más desfavorables)

AB = 18 m.

BE = 12 m.

EF = 6 m.

Para MPB utilizaremos la tabla 4, dado que se emplea un inversor automático y por tanto su presión de salida es de 0,6 BAR. Consideraremos el tramo A-B-E como único, con potencia calorífica 60000 Kcal/h con lo que se comete un error por exceso pero que no modifica esencialmente los resultados y nos garantiza una pérdida de carga inferior al 20%. Según esto:

L = 1,2 x (18 + 12) = 36 m.

Q = 60000 Kcal/h

D = 8 mm.

Por lo que en los tramos de MPB, esto es, los comprendidos desde el limitador de presión en la batería y las entradas a los reguladores de BP, se empleará un tubo (prácticamente normalizado para gas propano en MPB) de 10/12 mm.

En cuanto a los tramos en BP se utilizará la tabla 2.

L = 1,2 x 6 = 7,2 m.

Q = 40000 Kcal/h

D = 13,5 mm.

Por lo que podemos utilizar para ambos receptores un tubo de 13/15 mm.

5.5. Gas propano en depósitos fijos

5.5.1. Generalidades

Para el dimensionado de las instalaciones de gas propano en depósitos fijos se deben tener en cuenta las siguientes normas:

- La vaporización natural del depósito viene dada en las tablas correspondientes y deberá quedar garantizada para las temperaturas mínimas y/o consumo máximo.

- Si se trata de una instalación de "alto riesgo" (posibilidad de funcionamiento continuo) se deberán colocar dos reguladores de MPB en paralelo, regulados a 1,2 y 1,3 BAR, acompañados de sus correspondientes limitadores. La capacidad nominal (a 3 BAR de presión manométrica) de cada uno de los reguladores deberá ser, al menos, el doble de la que le corresponde por cálculo.

- El diámetro de la línea de MPB se calculará mediante la tabla 5.

- Se verificará que la velocidad del gas en la línea de MPB no excede de 20 m/s mediante la tabla 8.

- El diámetro de las conducciones en BP se calculará mediante la tabla 2.

- La autonomía del depósito será al menos de 15 días, debiéndose consultar a la empresa distribuidora en caso contrario.

En la figura adjunta se representa la instalación de una granja avícola, con pantallas de infrarrojos de una potencia térmica de 10.000 Kcal/h cada una.

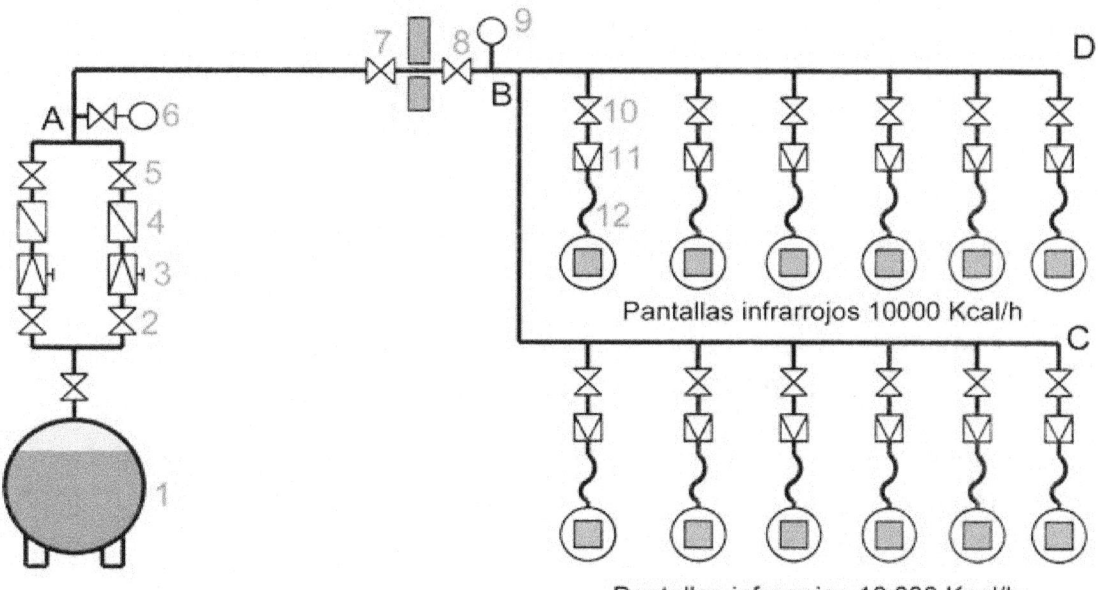

Instalación MPB/BP con depósito fijo de gas propano

1. Depósito G.L.P. a granel de 8.334 litros.

2. Llave de paso PN 16.

3. Manorreductor regulable 0 a 3 BAR y 40 Kgs/h de caudal nominal.

4. Limitador de presión de 1,75 BAR y 40 Kgs/h de caudal nominal.

5. Llave de paso PN 5

6. Manómetro para ajuste manorreductores MPB con llave portamanómetro.

7. Llave exterior de corte PN 5.

8. Llave interior de corte PN 5.

9. Manómetro de control de estanqueidad.

10. Llave de corte de receptor PN 5.

11. Manorreductor de BP 4 Kgs/h y 370 mm.c.a.

12. Latiguillo flexible 9x15 de 1,5 m.

Dado que se trata de una instalación de "alto riesgo" (necesidad de funcionamiento de 24 horas/día durante determinadas temporadas) se duplica la línea de regulación de MPB con un solo manómetro de control para una más eficaz ajuste de los manorreductores.

5.5.2. Determinación de los diámetros de las conducciones

Los tramos de MPB tienen unas longitudes bastante considerables. A saber:

- Tramo AB = 40 metros (longitud equivalente 1,2 x 40 = 48 metros).

- Tramo BD = 60 metros (longitud equivalente 1,2 x 80 = 72 metros).

- Tramo BC = 70 metros (longitud equivalente 1,2 x 70 = 84 metros).

Dado que el reparto de la carga es uniforme, podemos considerar que en el tramo BC tiene una potencia térmica de 6x10000 = 60000 Kcal/h concentrada en su punto medio, esto es, a 42 metros del punto B. Por ello, utilizando la tabla 5.

Tramo AB:

L_{EQ} = 48 metros.

Q = 12x10000 = 120000 Kcal/h.

D = 9,5 mm.

Diámetro comercial adoptado en la instalación vista: cobre de 10/12 mm.

Diámetro adoptado en la conducción enterada: polietileno de 20 mm.

Tramo BC:

L_{EQ} = 42 metros (solamente a efectos de cálculo).

Q = 60000 Kcal/h.

D = 7 mm.

Diámetro comercial adoptado (tubo de cobre) = 10/12 mm.

Los tramos de baja presión disponen de un tramo de cobre de 3 metros y un latiguillo flexible de 1,5 m., por lo que su longitud equivalente será de 1,2 x 4,5 = 5,4 metros. Utilizando la tabla 2:

L_{EQ} = 5,4 metros.

Q = 10000 Kcal/h.

D = 7,5 mm.

Diámetro de la tubería rígida (tubo de cobre) = 10/12 mm.

Diámetro tubería flexible BP = 9/15

5.5.3. Idoneidad de las características del depósito y el equipo de regulación

Considerando que el PCS del gas propano es del orden de 12450 Kcal/Kg y que en este tipo de instalaciones se puede estimar en 16 horas/día el funcionamiento continuo y a plena potencia de los radiadores, el consumo diario será:

$$C = \frac{120000 \times 16}{12450} = 154,2 \ Kgs/dia$$

Por otro lado, teniendo en cuenta que la densidad del propano líquido es de 0,5 Kgs/litro, que la reserva del depósito no deberá ser inferior al 20% y el nivel máximo reglamentario es del 85%, la cantidad disponible de G.L.P. entre llenados en un depósito de 8.834 litros será:

$$c = (0,85 - 0,20) \times 8834 \times 0,51 = 2928,4 \ Kgs$$

Con lo que la autonomía, en el caso más desfavorable será

$$A = \frac{2928,4}{154,2} = 19 \ dias$$

La vaporización continua necesaria del depósito será

$$V = \frac{120000}{12450} = 9,63 \ Kgs/h$$

Que, como vemos en la tabla del apartado 4.4.1., es cubierta holgadamente por este depósito, que con una temperatura ambiente de -5° C nos da 27,6 Kgs/h.

En cuanto a la capacidad nominal de los manorreductores de MPB debe ser al menos el triple de la capacidad necesaria en condiciones reales, esto es 9,63 x 3 = 28,89 Kgs, lo que indica que el de 40 Kgs/h seleccionado cubre nuestras necesidades.

5.6. Gas natural canalizado para instalaciones individuales

- La capacidad nominal del armario de regulación vendrá dada por el caudal máximo simultáneo.

- Para el cálculo del diámetro de la tubería en baja presión usaremos la tabla 3 estableciendo la pérdida de carga en el 5% para tramos cortos y en un máximo del 10% en tramos largos para líneas en BP.

- En instalaciones industriales en MPB/BP se empleará la tabla 6 para los tramos en MPB.

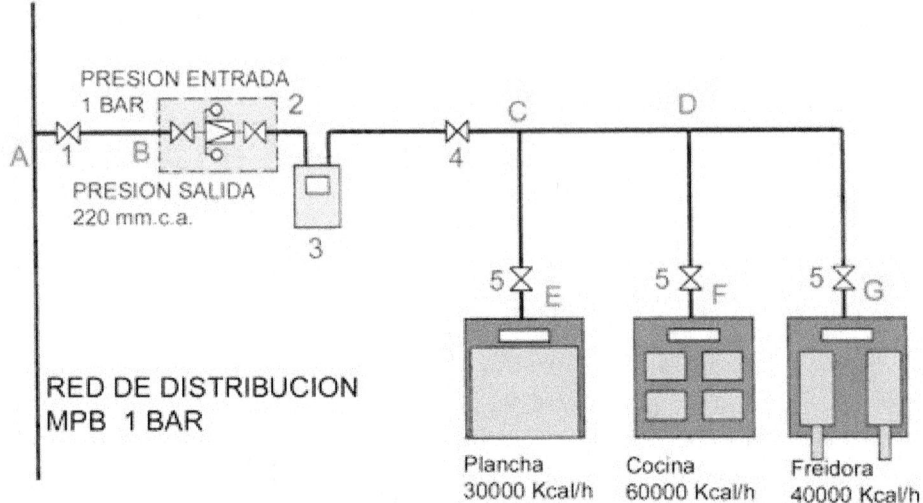

Instalación individual de gas natural MPB/BP

1. Llave de acometida.

2. Armario de regulación AR 25 de 25 m³/h.

3. Contador G 16, de caudal máximo 16 m³/h.

4. Llaves de paso general PN5.

5. Llaves de aparatos PN5.

El armario regulador tendrá una capacidad de 130000 / 10080 = 12,89 m³/h por lo que se justifica la elección del AR 25, de 25 Nm³/h con presión de salida 220 mm.c.a., que es la de entrada a contador, y la capacidad del contador será del tipo G16.

Tramo AB (acometida) L = 6,00 m (longitud equivalente 1,2 x 6 = 7,2 m)

Tramo BC: L =16,00 m (longitud equivalente 1,2 x 16 = 19,2 m)

Tramo CD: L = 6,00 m (longitud equivalente 1,2 x 6 = 7,2 m)

Tramo CE: L = 5,00 m (longitud equivalente 1,2 x 5 = 6 m.)

Tramo DF: L = 7,00 m (longitud equivalente 1,2 x 7 = 8,4 m)

Tramo DG: L = 8,00 m (longitud equivalente 1,2 x 8 = 9,6 m)

Para dimensionar la acometida (Tramo AB) lo más sencillo es remitirnos a la tabla del apartado 4.5.2., que da los diámetros de entrada y salida a los armarios de regulación. Para el ARM 25 la entrada es de DN25, por lo que se empleará una tubería de acero de 1".

Tramo BC:

L_{EQ} = 19,2 m.

Q = 130000 Kcal/h

D = 34 mm.

Tramo CD:

L_{EQ} = 7,2 m.

Q = 30000 Kcal/h

D = 16,5 mm.

Tramo CE:

L_{EQ} = 12 m.

Q = 60000 Kcal/h

D = 23,3 mm.

Tramo CF:

L_{EQ} = 16,8 m.

Q = 40000 Kcal/h

D = 21,8 mm.

A la vista de los resultados y homogeneizando diámetros los diámetros a utilizar (en el supuesto que utilicemos tubo de acero) serán:

- Acometida: 1"

- Linea general en BP : 1 1/2"

- Derivaciones a receptores : 1"

5.7. Gas natural canalizado para instalaciones colectivas

- La capacidad nominal del armario de regulación vendrá dada por el caudal máximo simultáneo, según el coeficiente de simultaneidad fijado en la tabla del apartado 2.1.2.

- El diámetro de la acometida nos viene dado por el de la tubería de entrada del "armario de regulación".

- Para el cálculo del diámetro de la tubería en baja presión usaremos la tabla 3 estableciendo la pérdida de carga en el 5% ya que el contador tiene una pérdida de carga del orden de 12 mm.c.a.

- Supondremos concentrada toda la carga térmica de cada vivienda en el extremo más alejado.

El esquema corresponde a una instalación centralizada para 3 viviendas alimentada a partir de una red de MPA.

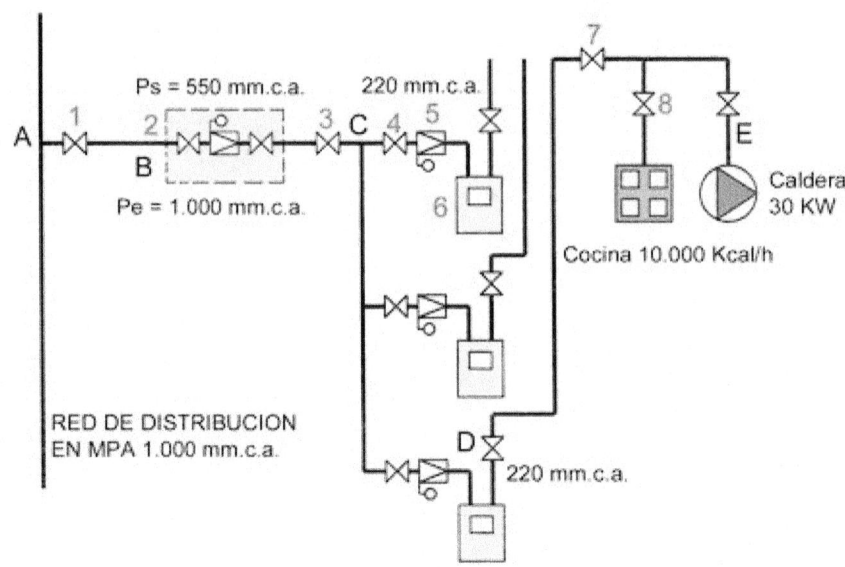

Instalación colectiva de gas natural en MPA/BP

1. LLAVE DE ACOMETIDA.

2. ARMARIO DE REGULACION ARM 25 CON VIS DE MÁXIMA Y VAS.

3. LLAVE GENERAL DE LA CENTRALIZACION DE CONTADORES.

4. LLAVE DE CONTADOR.

5. MANORREDUCTOR CON VIS DE MINIMA REARME AUTOMÁTICO.

6. CONTADOR G-6.

7. LLAVE GENERAL DE ABONADO.

8. LLAVE DE RECEPTOR.

POTENCIA POR VIVIENDA:

$Q = 10000 + 30 \times 860 = 35800$ Kcal/h

POTENCIA TOTAL SIMULTÁNEA (según tabla 2.1.2.):

$S1 = 0,40$

$Q_S = 0,40 \times 3 \times 35800 = 42960$ Kcal/h

ARMARIO DE REGULACION:

AR 25, con entrada de 1"

TRAMO AB (ACOMETIDA) = 8,00 m.

TRAMO BC = 10,00 m.

TRAMO DE (VIVIENDA MÁS ALEJADA) = 22,00 m.

Para el tramo AB se adoptará como diámetro el de entrada al armario AR25, esto es, tubo de acero de 1".

El tramo BC se puede calcular con la tabla 3 de BP y una caída del 5%. Por ello:

L = 10,00 m.

L_{EQ} = 1,2 x 10 = 12 m.

Q = 42960 Kcal/h

D = 20 mm.

Adoptándose un tubo de 20/22 mm.

La derivación a vivienda más alejada se establecerá con una pérdida de carga del 10%, con lo que, considerando que la pérdida de carga en contador es del orden de 12 mm.c.a., la presión en el receptor más alejado será:

P = 220 – 12 – 22 = 186 mm.c.a., que corresponde prácticamente a la presión de funcionamiento de los receptores (180 mm.c.a.)

L = 22 m.

L_{EQ} = 1,2 x 22 = 26,4 m.

L_{EQC} = 26,4 / 2 = 13,2 m (solo equivalente a efectos de cálculo ya que la tabla está establecida para el 5% de pérdida de carga).

Q = 35800 Kcal/h

D = 20,7 mm.

Adoptándose un tubo de 20/22 mm.

6. APARATOS A GAS

6.1. Aparatos de circuito abierto y circuito estanco

Los aparatos de fuego abierto utilizan el aire de la habitación en donde están instalados y sus gases quemados evacuan al exterior a través de conductos o, en el caso de aparatos de cocción y estufas autónomas de poca potencia, a través de rejillas y/o extractores, tal como indica el RIGLO.

Los aparatos de circuito estanco o ventosa absorben el aire para la combustión y eliminan los residuos de ésta del exterior, mediante dos tubos independientes, que podrán ser concéntricos. Pueden disponer de un ventilador que fuerza el tiro y dispositivo de seguridad por falta de este.

Una variante de estos aparatos son los de tiro asistido, que absorben el aire para la combustión de la habitación en donde están instalados y expulsan los gases quemados ayudándose de un ventilador que se pone en marcha al funcionar el aparato.

En el módulo profesional 4 "Instalaciones de producción de calor" del 2° curso del Ciclo Formativo Medio "Montaje y mantenimiento de instalación de frío, climatización y producción de calor" se desarrollan en profundidad las características y diseño de los equipos de producción de calor, que, por tanto, solo pasamos a enumerar.

6.2. Quemadores

Para su acoplamiento a envolventes de distintos tipos, los de uso más habitual son:

- Quemadores atmosféricos, en los que se realiza la mezcla gas-aire mediante la aportación de este último sin necesidad de equipo auxiliar, empleando un tubo Venturi para ello. Modelos en BP y MPB.

- Quemadores presurizados gas-aire, con un ventilador que inyecta el comburente en la proporción adecuada.

- Quemadores de inmersión, de uso industrial, y que constituyen una variante de los anteriores, de alto rendimiento para calentamiento de líquidos.

- Quemadores de infrarrojos, con placas cerámicas incandescentes que emiten rayos infrarrojos que generan calor al ser absorbidos por los cuerpos. No calientan directamente el aire, por lo que son idóneos para calefacción de grandes locales y procesos industriales. En la

Radiador industrial de infrarrojos

imagen se ve un radiador KROMSCHROEDER SCHWANK de este tipo para procesos industriales.

6.3. Aparatos electrodomésticos

- Cocinas, con o sin horno. El horno llevará siempre elementos de seguridad, tipo termopar, y los fuegos abiertos pueden o no estar provistos de ellos.

- Calentadores, instantáneos o de acumulación. Aquellos que estén destinados a la instalación en el interior estarán provistos de sistemas de control de tiro (termostatos o similares) que impidan su funcionamiento caso de que éste sea insuficiente.

- Calderas de calefacción y calderas mixtas, para calefacción y ACS. Llevarán sistemas de control de tiro.

- Radiadores autónomos a gas circuito estanco, con regulación termostática propia.

Las potencias orientativas de los electrodomésticos más usuales se reflejan en la tabla adjunta:

Cocinas	10000 Kcal/h
Calentadores instantáneos 10 l/min.................	20000 Kcal/h
Calentadores instantáneos 13 l/min.................	26000 Kcal/h
Calderas de calefacción	100 Kcal/h x m²
Radiadores autónomos circuito estanco	3600 Kcal/h

6.4. Maquinaria de hostelería

- Cocinas y planchas de fuego abierto, con o sin horno. Disponen de elementos de seguridad (termopares) en los quemadores de los hornos y planchas, y, en las grandes cocinas también en los fuegos abiertos.

- Freidoras, con quemadores atmosféricos y que aprovechan el calor de los productos de la combustión haciendo pasar el conducto de evacuación a través del líquido a calentar.

- Gratinadores con quemadores de infrarrojos.

- Marmitas autococedoras.

- Armarios calientes.

- Planchadoras y calandras.

- Secadoras, con bombos rotativos y que generan aire caliente que los atraviesan.

6.5. Calefacción y ACS en los sectores industrial y terciario

- Calderas de calefacción de potencia media y alta, de fundición de hierro o chapa de acero, con quemadores presurizados gas-aire.

7. COMPROBACIÓN DE LOS PARÁMETROS CARACTERÍSTICOS

El Real Decreto 494/1988, de 20 de mayo, por el que se aprueba el Reglamento de aparatos que utilizan gas como combustible, indica en su artículo 15 que todos los aparatos a gas deberán llevar en lugar visible una placa del fabricante o del importador, que se fijará de forma que se asegure su inamovilidad en un sitio visible del aparato, y en la que como constarán los siguientes datos:

- Identificación del fabricante o importador.

- Modelo, serie y número de fabricación.

- Tipos de gases para los que está previsto y presiones de funcionamiento.

- Potencia y consumo nominal.

- Contraseña y fecha de homologación de tipo.

La comprobación de la potencia y consumo nominal de un receptor es compleja y se realiza en los laboratorios del fabricante del aparato. No obstante, se puede verificar éste con aproximación, utilizando un contador y estimando mediante cálculo la cantidad de energía consumida en un tiempo dado.

Por otro lado, la verificación de los parámetros de la instalación (caudal y presión) es muy sencilla mediante la utilización de contadores y manómetros de buena calidad, recomendándose el uso de la columna de agua para las distribuciones de BP por su gran fiabilidad y precisión. La columna de agua es en esencia un tubo en "U" en una de cuyas ramas actúa la presión atmosférica y en la otra la presión manométrica del tramo.

Ejemplo

A fin de averiguar la potencia térmica de un quemador, éste se ha conectado a un contador con presión de entrada 0,8 BAR. Tras 15 minutos de funcionamiento el contador ha registrado un consumo de 1,4 m³. Expresar el resultado en Kcal/h y en KW. Los PCS y PCI del gas son, respectivamente, 7.500 Kcal/Nm³ y 6.800 Kcal/Nm³. La temperatura del gas es de 25° C. Indicar también cuál es la presión de funcionamiento del quemador, valiéndose de la columna de agua conectada.

El valor que tomaremos como base es el del PCS que corresponde al gas que se quema, dado que lo habitual es que no se produzca recuperación del calor de condensación del vapor de agua. En primer lugar calcularemos el citado PCS en condiciones "reales".

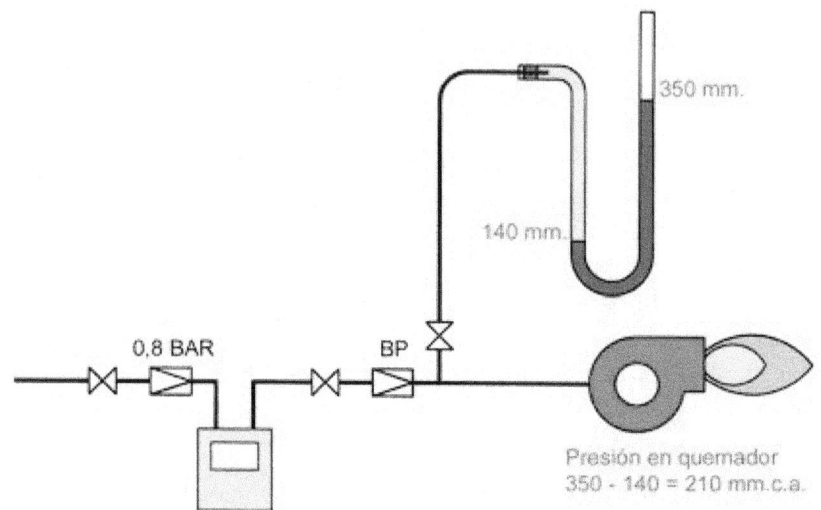

Determinación de la potencia térmica y presión de funcionamiento de un quemador

$$PC_R = PC_N \times P_{ABS} \times \frac{273}{T_R}$$

$PCS_N = 7.500 \ Kcal/Nm^3$

$P_{ABS} = 0,8 + 1 = 1,8 \ ATA$

$T_R = 273 + 25 = 298 \ K$

$$PCS_R = 7500 \times 1,8 \times \frac{273}{298} = 12367 \ Kcal/m^3$$

$$Q_P = \frac{12367 \times 60}{15} = 49468 \ Kcal/h$$

$$Q_P = \frac{49468}{860} = 57,52 \ KW$$

8. FUNCIONAMIENTO Y CONTROL. AJUSTES Y PUESTA EN MARCHA DE UNA INSTALACIÓN

8.1. Introducción

En la Unidad Didáctica 7 se detallan las pautas a seguir en el montaje de instalaciones, así como las pruebas y verificaciones a realizar en éstas para comprobar que cumplen las condiciones de seguridad reglamentarias, a la vez que nos aseguran el suministro de gas en las condiciones de caudal y presión requeridas. A ella nos remitimos para conocer en detalle los trabajos previos a la puesta en marcha de la instalación.

8.2. Puesta en marcha de una instalación

En cualquier tipo de instalación de gas combustible se requiere:

- Verificar la existencia y buen estado de las entradas de aire para la combustión.

- Verificar la existencia y buen estado de los conductos de evacuación de gases quemados, especialmente de su trazado y estanqueidad.

- Comprobar, mediante espuma jabonosa, y a la presión de funcionamiento la inexistencia de fugas.

- Comprobar que todas las llaves de paso abren y cierran correctamente y que las que disponen de enclavamiento lo tienen en buenas condiciones.

- Purgar las conducciones, recordando la peligrosidad de las mezclas gas-aire, especialmente en grandes diámetros, en donde se pueden formar bolsas. En este caso se debe utilizar un explosímetro y purgar cuidadosamente.

- Medir las presiones de distribución en MPB mediante manómetro fiable y toma Peterson, y en BP con toma de "débil calibre" y columna de agua.

- Verificar el disparo de las VIS de mínima y máxima en los elementos provistos de éstas.

En las instalaciones de G.L.P. con envases móviles en BP:

- Revisar los envases UD 110 o UD 125, comprobando que tienen el capuchón protector, que los collarines no están deformados y las juntas de goma no agrietadas.

- Colocar los adaptadores K30 sobre los envases comprobando que están implantados sólidamente. Para ello se elevará ligeramente el envase, cogiéndolo desde el adaptador.

En las instalaciones de G.L.P. con envases móviles UD 110 o I 350, en MPB/BP:

- Si la instalación dispone de inversor automático verificar las presiones de salida en consumo directo o en reserva.

- En instalaciones con inversor manual ajustar la presión del regulador a 1,2 BAR.

En las instalaciones de G.L.P. con depósitos fijos:

- Comprobar que existe, al menos, una ligera sobrepresión de nitrógeno (ver "inertizado de depósitos de G.L.P." en la UD 7). Caso contrario inertizar.

- Verificar el buen estado de la toma de tierra del depósito, midiéndola con un telurómetro.

- Llenar depósito, a no más del 10% de su volumen.

- Verificar la ausencia de fugas en la valvulería y que el mecanismo de retención de la boca de carga cierra correctamente.

- Comprobar que el nivel magnético del depósito ha iniciado su función.

- Comprobar que la varilla del indicador de punto alto no está obstruida y silba.

- Si todos estos puntos se cumplen satisfactoriamente seguir con el llenado del depósito.

- Si no es así, sopesar la necesidad de vaciar el depósito y solucionar los problemas que se hayan presentado (ver "vaciado de un depósito de G.L.P." en la UD 8).

- Comprobar que, a no más del 80%, la varilla del punto alto de llenado comienza a escupir líquido intermitentemente y en el 85% lo hace continuamente. Caso contrario, operar como se indica en la UD 8 "Averías en los depósitos de G.L.P.".

- Desconectando la salida de la multiválvula provocar el disparo del limitador de caudal.

- Conectar la conducción y, abriendo lentamente, ajustar la presión de distribución a 1,2 BAR.

En cuanto a los receptores, la normativa indica que todo aparato debe ir acompañado o provisto de instrucciones, que comprenderán:

- Instrucciones detalladas para la correcta instalación, advertencias y riesgos previsibles.

- Instrucciones para la adaptación a los diferentes gases para los que esté previsto el aparato.

- Instrucciones para su correcto emplazamiento, puesta en marcha, uso, conservación y períodos de revisión aconsejables.

- Ficha de instalación/conservación del aparato en su caso.

- En los aparatos previstos para ser conectados por tubo flexible se deberá indicar al usuario que debe sustituir dicho tubo de alimentación antes de concluir el período de validez marcado.

Una vez comprobado que el gas llega a la presión correcta, a cargo del Servicio de Asistencia Técnica del receptor se realizarán las pruebas y verificaciones que correspondan, que pueden incluir:

- Comprobación de la correcta combustión con un analizador y verificación del bajo contenido de CO.

- Revisión de los controles de seguridad (termopares, sondas de ionización, termostatos de control de tiro...).

9. SEGURIDAD Y REGLAMENTACIÓN

Las instalaciones de gases combustibles tienen una especial peligrosidad por el carácter inflamable y/o explosivo de las sustancias tratadas y sus mezclas. Aparte de los procedimientos ya detallados en el apartado anterior es necesario recalcar unas normas de obligado cumplimiento que constituyen el "decálogo" de seguridad que el instalador o mantenedor deberá tener siempre presente.

I. Una instalación sólo puede ser realizada por persona autorizada por el OTC y en posesión del carné profesional correspondiente.

II. Siempre hay que cumplimentar y cursar la documentación reglamentaria. En las instalaciones con "Proyecto Técnico" trabajar en perfecta coordinación con el director de obra.

III. En las instalaciones cuya responsabilidad recae por completo en el instalador revisar la normativa antes de iniciar el trabajo, aunque la conozcamos bien.

IV. Sólo se deben instalar aparatos homologados y provistos de la correspondiente placa de características.

V. Comprobar el estado de las entradas de aire y que su dimensionado es correcto, así como el estado de los conductos de evacuación de gases quemados, su tamaño y trazado y su distancia a entradas de aire.

VI. Verificar las distancias de seguridad de las zonas de almacenamiento de G.L.P. y de las conducciones.

VII. Señalizar bien las instalaciones. Pintarlas del color reglamentario: amarillo para la fase gas y rojo para los G.L.P. en fase líquida. Si por motivos estéticos no se puede pintar en toda su longitud de amarillo o rojo hacerlo en los puntos estratégicos: entrada y salida de llaves, armarios de regulación, etc.

VIII. No cegar los pasamuros ni dejarlos al aire. Utilizar siempre masilla plástica. No dejar nunca soldaduras en el interior de un pasamuros. Parece imposible, pero no lo es.

IX. Hacer las pruebas de estanqueidad y resistencia mecánica concienzudamente y en presencia de quien está legitimado para ello.

X. Asesorar al usuario, indicándole qué debe hacer para mantener su instalación en buen estado, de la obligación de que personal autorizado realice las revisiones reglamentarias y del comportamiento que deberá observar en caso de emergencia. Entregarle un "manual de instrucciones" sencillo e inteligible y pedirle un acuse de recibo.

Las normas a las que actualmente nos debemos acoger en las instalaciones de gas, a nivel de instalador IG 2, son:

- Resolución de 25 de febrero de 1.963 que indica las Condiciones Técnicas Básicas que han de cumplir las instalaciones de los aparatos que utilicen los GLP como combustibles.

- Resolución 24 julio 1963 (Dir. Gral. Industrias Siderometalúrgicas): GAS. Normas para Instalaciones de gases licuados del petróleo con depósitos de capacidad superior a 15 Kgs.

- Real Decreto 2913/1973, de 26 de Octubre, por el que se aprueba el Reglamento general del servicio público de gases combustibles.

- Orden de 17 de diciembre de 1985, por la que se aprueban la Instrucción sobre documentación y puesta en servicio de las instalaciones receptoras de Gases Combustibles y la instrucción sobre instaladores autorizados de gas y empresas instaladoras.

- Real Decreto 494/1988, de 20 de mayo, por el que se aprueba el Reglamento de aparatos que utilizan gas como combustible.

- Real Decreto 1853/1993, de 22 de octubre, por el que se aprueba el Reglamento de instalaciones de gas en locales destinados a usos domésticos, colectivos o comerciales (RIGLO), Anexos e Instrucciones Técnicas complementarias.

RESUMEN

Los gases combustibles industriales cumplen ciertas condiciones de homogeneidad y disponibilidad que los hacen idóneos para alimentar equipos de combustión, estando clasificados en dos grandes grupos: gases comprimidos, que solamente se distribuyen y usan en fase gas, como es el caso del gas natural, y gases licuados, que pueden ser envasados o a granel para su utilización en depósitos fijos y a cuyo grupo corresponden los denominados gases licuados del petróleo: butano, propano y sus mezclas.

Los parámetros esenciales de una red de distribución de gas son el caudal y la presión. De acuerdo con esta última, las redes pueden ser de baja presión (P < 50 mBAR), media presión A (50 mBAR < P < 0,4 BAR), media presión B (0,4 BAR < P< 4 BAR) y alta presión (P > 4 BAR). Las redes se configuran con los criterios de que la pérdida de carga no exceda de ciertos valores (5 al 10% en BP y 15% en MPB) y la velocidad del gas en las conducciones no pase de 20 m/s.

La presión de distribución o almacenamiento de los gases combustibles es superior a la de utilización, lo cual requiere una disminución de aquella en escalones o etapas, para lo cual se utilizan los manorreductores o reguladores, junto con otros elementos complementarios de control, regulación y seguridad que se detallan en el texto. Las presiones de utilización están normalizadas y, excepto para receptores de alta potencia, se fijan en 280 mm.c.a. para el gas butano, 370 mm.c.a. para el gas propano y 180 mm.c.a. para el gas natural.

En esta unidad didáctica, además de reseñar las características básicas de las instalaciones de utilización más habituales, se indican las normas básicas a seguir en la verificación, puesta en marcha y ajuste de las instalaciones, completándose con lo expresado en la unidad didáctica 7 e indicándose también la normativa legal a la que se deben ajustar estas operaciones.

ANEXO 1: SIMBOLOGÍA (I)

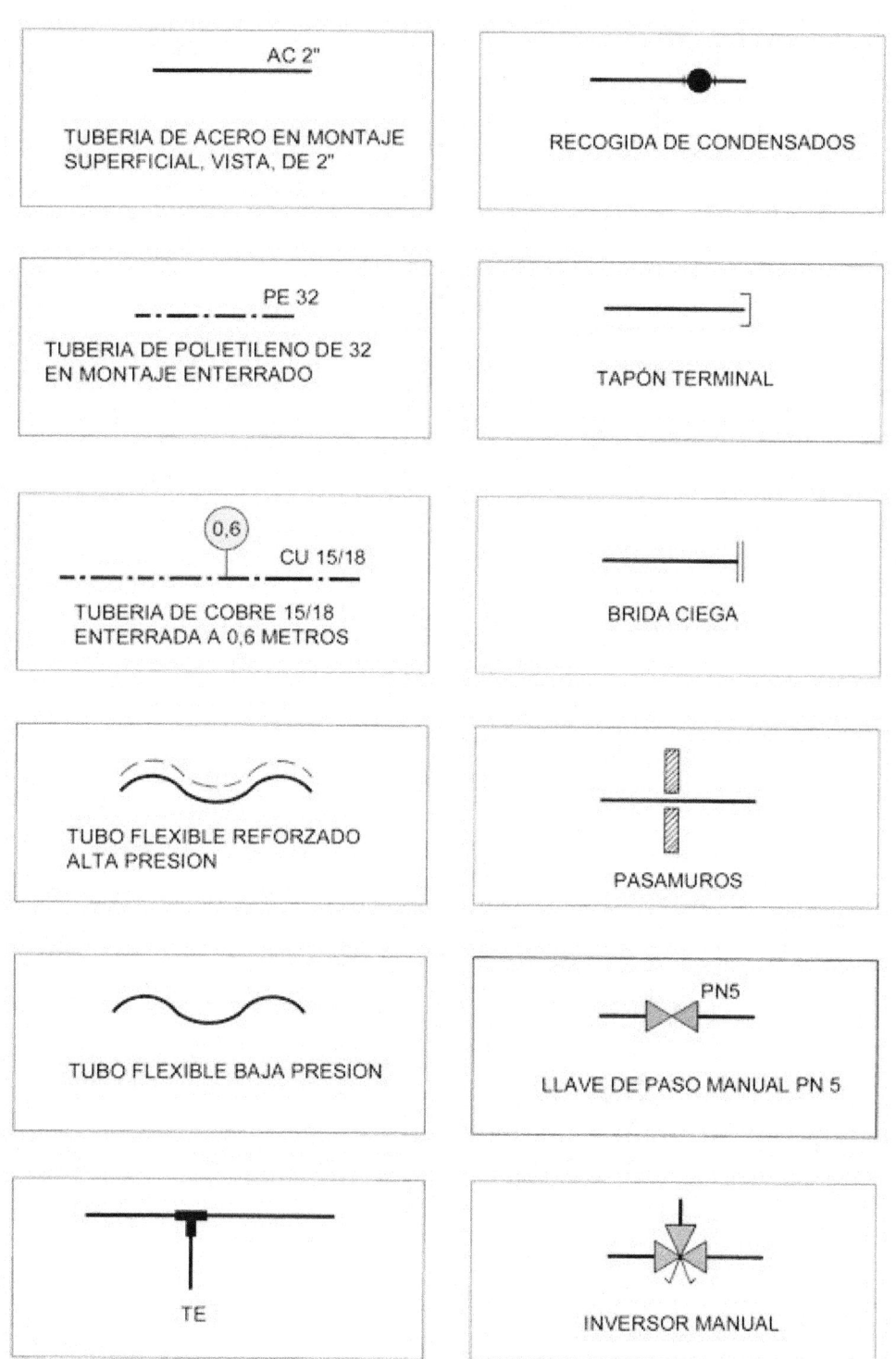

AC 2"

TUBERIA DE ACERO EN MONTAJE
SUPERFICIAL, VISTA, DE 2"

RECOGIDA DE CONDENSADOS

PE 32

TUBERIA DE POLIETILENO DE 32
EN MONTAJE ENTERRADO

TAPÓN TERMINAL

0,6

CU 15/18

TUBERIA DE COBRE 15/18
ENTERRADA A 0,6 METROS

BRIDA CIEGA

TUBO FLEXIBLE REFORZADO
ALTA PRESION

PASAMUROS

TUBO FLEXIBLE BAJA PRESION

PN5

LLAVE DE PASO MANUAL PN 5

TE

INVERSOR MANUAL

ANEXO 1: SIMBOLOGÍA (II)

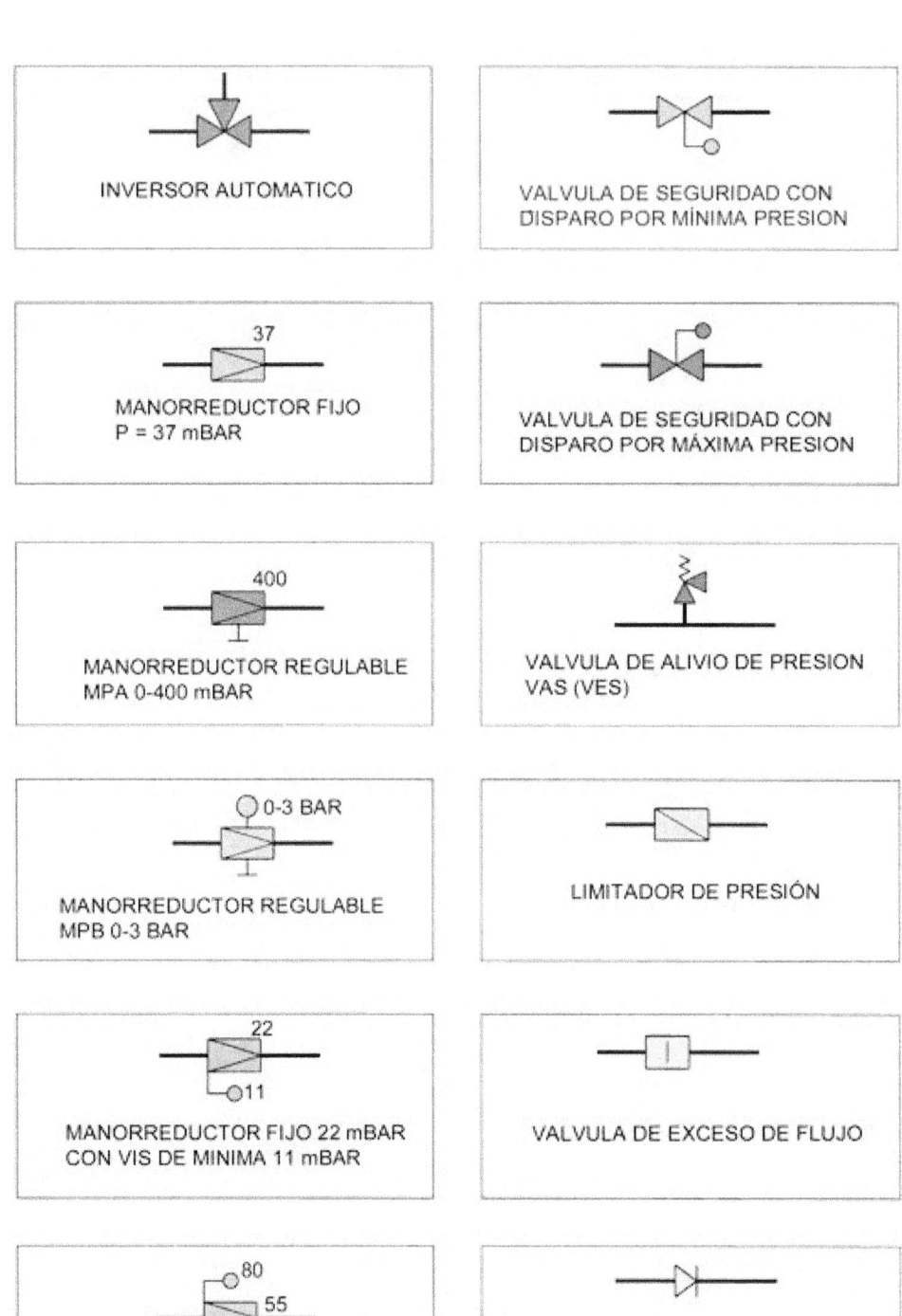

INVERSOR AUTOMATICO

VALVULA DE SEGURIDAD CON DISPARO POR MÍNIMA PRESION

MANORREDUCTOR FIJO
P = 37 mBAR

VALVULA DE SEGURIDAD CON DISPARO POR MÁXIMA PRESION

MANORREDUCTOR REGULABLE
MPA 0-400 mBAR

VALVULA DE ALIVIO DE PRESION
VAS (VES)

MANORREDUCTOR REGULABLE
MPB 0-3 BAR

LIMITADOR DE PRESIÓN

MANORREDUCTOR FIJO 22 mBAR
CON VIS DE MINIMA 11 mBAR

VALVULA DE EXCESO DE FLUJO

MANORREDUCTOR FIJO 55 mBAR
CON VIS DE MÁXIMA 80 mBAR

VALVULA DE RETENCION

ANEXO 1: SIMBOLOGÍA (III)

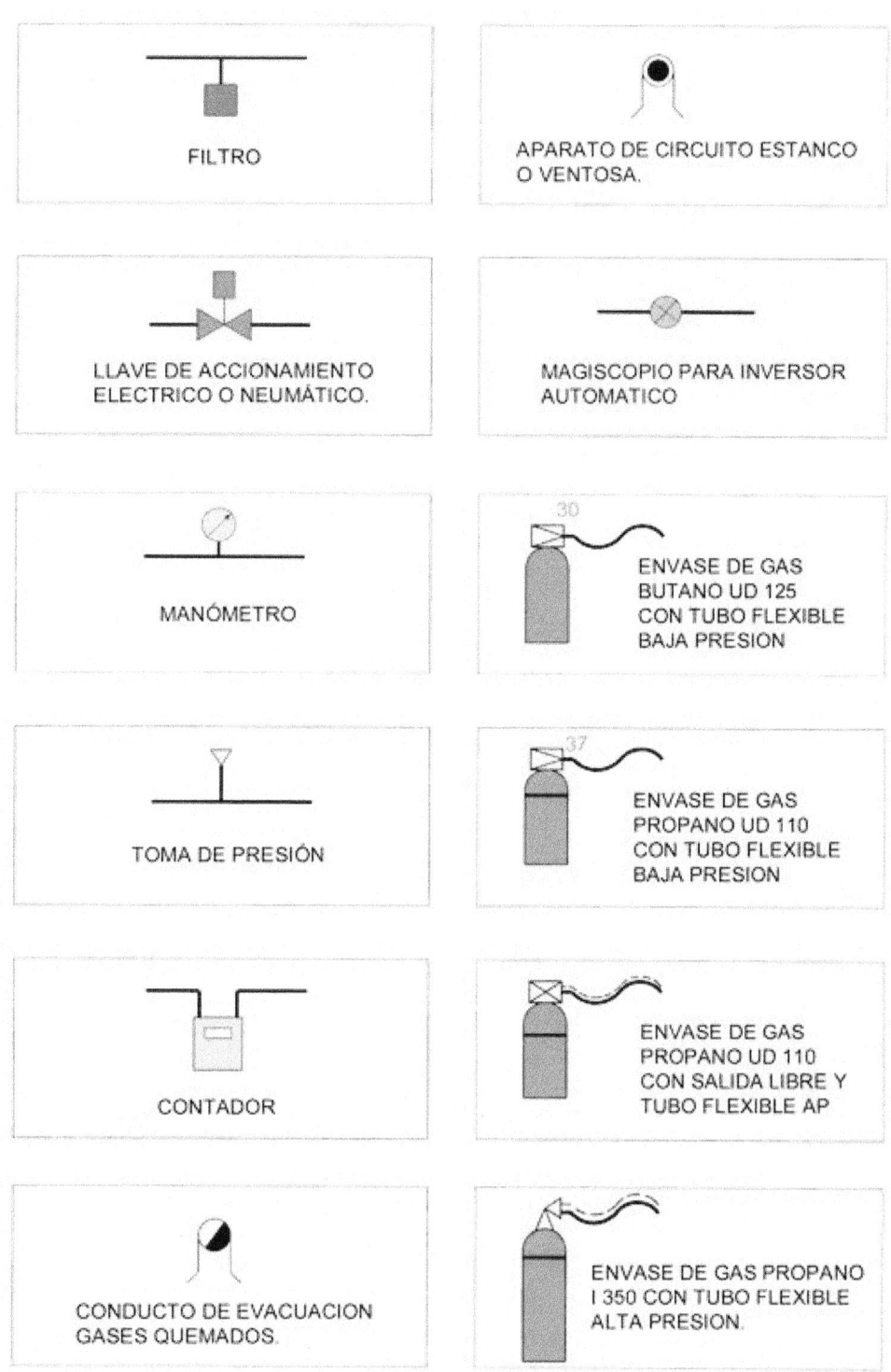

FILTRO	APARATO DE CIRCUITO ESTANCO O VENTOSA.
LLAVE DE ACCIONAMIENTO ELECTRICO O NEUMÁTICO.	MAGISCOPIO PARA INVERSOR AUTOMATICO
MANÓMETRO	ENVASE DE GAS BUTANO UD 125 CON TUBO FLEXIBLE BAJA PRESION
TOMA DE PRESIÓN	ENVASE DE GAS PROPANO UD 110 CON TUBO FLEXIBLE BAJA PRESION
CONTADOR	ENVASE DE GAS PROPANO UD 110 CON SALIDA LIBRE Y TUBO FLEXIBLE AP
CONDUCTO DE EVACUACION GASES QUEMADOS.	ENVASE DE GAS PROPANO I 350 CON TUBO FLEXIBLE ALTA PRESION.

ANEXO 1: SIMBOLOGIA (IV)

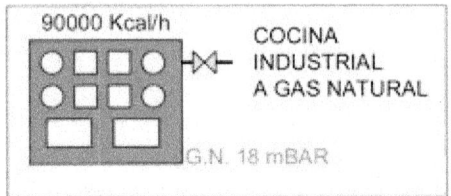
90000 Kcal/h

COCINA INDUSTRIAL A GAS NATURAL

G.N. 18 mBAR

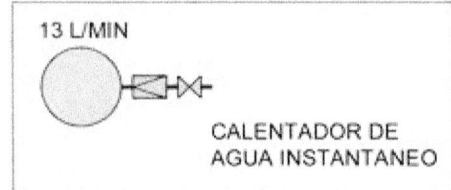
13 L/MIN

CALENTADOR DE AGUA INSTANTANEO

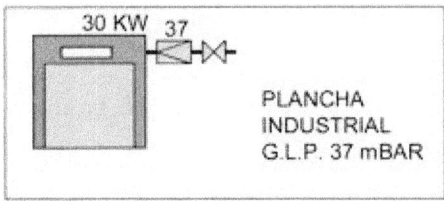
30 KW 37

PLANCHA INDUSTRIAL G.L.P. 37 mBAR

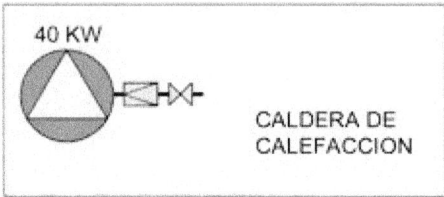
40 KW

CALDERA DE CALEFACCION

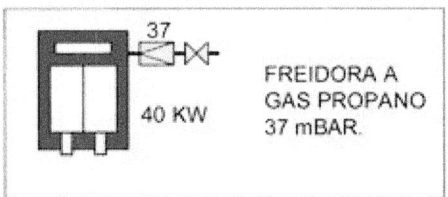
37

40 KW

FREIDORA A GAS PROPANO 37 mBAR.

36 KW

CALDERA MIXTA PARA CALEFACCION Y ACS.

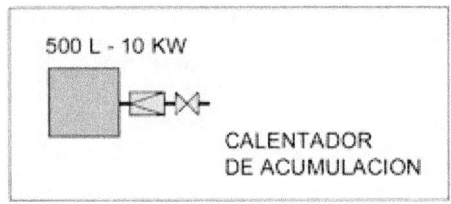
500 L - 10 KW

CALENTADOR DE ACUMULACION

ANEXO 2. TABLAS DE CÁLCULO RÁPIDO DEL DIÁMETRO DE UNA CONDUCCION

TABLA	CONCEPTO	GAS/PRESION
1		Butano BP
2		Propano BP
3	Pérdida de carga	Gas Natural BP
4		Propano MPB 0,6 BAR
5		Propano MPB 1,2 BAR
6		Gas natural MPB 1,2 BAR
7		Propano MPB 0,6 BAR
8	Velocidad	Propano MPB 1,2 BAR
9		Gas natural MPB 1,2 BAR

ANEXO 2. TABLA 1

ESTIMACION DEL DIÁMETRO DE LAS CONDUCCIONES DE BUTANO EN BAJA PRESION
A PARTIR DE LA PÉRDIDA DE CARGA

- PCS 30.000 Kcal/Nm³
- Presión 300 mm.c.a.
- Pérdida de carga prevista: 15 mm. c.a. (5%)
- Equivalencia: 1 KW = 860 Kcal/h.

POTENCIA Y CAUDAL		Longitud equivalente de la conducción en metros.									
Kcal/h	Nm³/h	2	4	6	8	10	12	14	16	18	20
5000	0,17	4,0	4,7	5,1	5,4	5,6	5,8	6,0	6,2	6,4	6,5
7500	0,25	4,7	5,4	5,9	6,3	6,6	6,8	7,0	7,2	7,4	7,6
10000	0,33	5,2	6,0	6,6	7,0	7,3	7,6	7,8	8,1	8,3	8,4
12500	0,42	5,7	6,6	7,2	7,6	8,0	8,3	8,5	8,8	9,0	9,2
15000	0,50	6,1	7,0	7,7	8,1	8,5	8,8	9,1	9,4	9,6	9,8
17500	0,58	6,5	7,5	8,1	8,6	9,0	9,4	9,7	10,0	10,2	10,4
20000	0,67	6,8	7,9	8,5	9,1	9,5	9,9	10,2	10,5	10,7	11,0
22500	0,75	7,1	8,2	8,9	**9,5**	9,9	10,3	10,6	10,9	11,2	11,5
25000	0,83	7,4	8,5	9,3	9,9	10,3	10,7	11,1	11,4	11,7	11,9
27500	0,92	7,7	8,9	9,6	10,2	10,7	11,1	11,5	11,8	12,1	12,4
30000	1,00	7,9	9,1	10,0	10,6	11,1	11,5	11,9	12,2	12,5	12,8
32500	1,08	8,2	9,4	10,3	10,9	11,4	11,8	12,2	12,6	12,9	13,2
35000	1,17	8,4	9,7	10,5	11,2	11,7	12,2	12,6	12,9	13,2	13,5
37500	1,25	8,6	10,0	10,8	11,5	12,0	12,5	12,9	13,3	13,6	13,9
40000	1,33	8,8	10,2	11,1	11,8	12,3	12,8	13,2	13,6	13,9	14,2
42500	1,42	9,0	10,4	11,4	12,0	12,6	13,1	13,5	13,9	14,3	14,6
45000	1,50	9,2	10,7	11,6	12,3	12,9	13,4	13,8	14,2	14,6	14,9
47500	1,58	9,4	10,9	11,8	12,6	13,2	13,7	14,1	14,5	14,9	15,2
50000	1,67	9,6	11,1	12,1	12,8	13,4	13,9	14,4	14,8	15,2	15,5
52500	1,75	9,8	11,3	12,3	13,1	13,7	14,2	14,7	15,1	15,4	15,8
55000	1,83	10,0	11,5	12,5	13,3	13,9	14,4	14,9	15,3	15,7	16,1
57500	1,92	10,1	11,7	12,7	13,5	14,1	14,7	15,2	15,6	16,0	16,3

Nota: Para tramos largos es admisible una pérdida de carga de hasta el 10%. Esta tabla se puede utilizar sin más que establecer la proporción equivalente de longitud.

Ejemplo

Con una potencia térmica a transportar de 22500 Kcal/h en una conducción de 8 metros de longitud equivalente el diámetro teórico será de 9,5 mm, provocando una pérdida de carga del 5%. Si admitimos una pérdida de carga del 10% en el mismo circuito el diámetro interior teórico será el correspondiente a una longitud de 8/2 = 4 metros, esto es 8,2 mm.

86

ANEXO 2: TABLA 2

ESTIMACIÓN DEL DIÁMETRO DE LAS CONDUCCIONES DE PROPANO EN BAJA PRESION
A PARTIR DE LA PÉRDIDA DE CARGA

- PCS 24.900 Kcal/Nm³
- Presión 370 mm.c.a.
- Pérdida de carga prevista: 18,5 mm. c.a. (5%)
- Equivalencia: 1 KW = 860 Kcal/h.

POTENCIA Y CAUDAL		Longitud equivalente de la conducción, en metros.									
KCAL/H	Nm³/h	2	4	6	8	10	12	14	16	18	20
10000	0,40	6,0	6,9	7,5	8,0	8,3	8,7	9,0	9,2	9,4	9,6
20000	0,80	7,8	9,0	9,8	10,4	10,8	11,3	11,6	12,0	12,3	12,5
30000	1,20	9,0	10,4	11,4	12,1	12,6	13,1	13,6	13,9	14,3	14,6
40000	1,61	10,1	11,6	12,7	13,5	14,1	14,6	15,1	15,5	15,9	16,3
50000	2,01	11,0	12,7	13,8	14,6	15,3	15,9	16,4	16,9	17,3	17,7
60000	2,41	11,8	13,6	14,8	15,7	16,4	17,1	17,6	18,1	18,5	19,0
70000	2,81	12,5	14,4	15,7	16,6	17,4	18,1	18,7	19,2	19,7	20,1
80000	3,21	13,1	15,1	16,5	17,5	18,3	19,0	19,6	20,2	20,7	21,1
90000	3,61	13,7	15,8	17,2	18,3	19,1	19,9	20,5	21,1	21,6	22,1
100000	4,02	14,3	16,5	17,9	19,0	19,9	20,7	21,4	22,0	22,5	23,0
110000	4,42	14,8	17,1	18,6	19,7	20,6	21,4	22,1	22,8	23,3	23,8
120000	4,82	15,3	17,6	19,2	20,4	21,3	22,2	22,9	23,5	24,1	24,6
130000	5,22	15,7	18,2	19,8	21,0	22,0	22,8	23,6	24,2	24,8	25,4
140000	5,62	16,2	18,7	20,3	21,6	22,6	23,5	24,2	24,9	25,5	26,1
150000	6,02	16,6	19,2	20,9	22,2	23,2	24,1	24,9	25,6	26,2	26,8
160000	6,43	17,0	19,7	21,4	22,7	23,8	24,7	25,5	26,2	26,9	27,5
170000	6,83	17,4	20,1	21,9	23,2	24,3	25,3	26,1	26,8	27,5	28,1
180000	7,23	17,8	20,6	22,4	23,7	24,9	25,8	26,7	27,4	28,1	28,7
190000	7,63	18,2	21,0	22,8	24,2	25,4	26,4	27,2	28,0	28,7	29,3
200000	8,03	18,5	21,4	23,3	24,7	25,9	26,9	27,7	28,5	29,2	29,9
210000	8,43	18,9	21,8	23,7	25,2	26,4	27,4	28,3	29,0	29,8	30,4
220000	8,84	19,2	22,2	24,1	25,6	26,8	27,9	28,8	29,6	30,3	31,0

Nota: Dado que el propano se utiliza habitualmente para instalaciones de potencia media y alta no se debe superar la pérdida de carga del 5% establecido en la tabla.

ANEXO 2: TABLA 3

ESTIMACION DEL DIÁMETRO DE LAS CONDUCCIONES DE GAS NATURAL EN BAJA PRESION, A PARTIR DE LA PÉRDIDA DE CARGA

- PCS 10.080 Kcal/Nm³
- Presión 220 mm.c.a.
- Pérdida de carga prevista: 11 mm. c.a. (5%)
- Equivalencia: 1 KW = 860 Kcal/h.

POTENCIA Y CAUDAL		Longitud equivalente de la conducción en metros											
Kcal/h	Nm³/h	2	4	6	8	10	12	14	18	22	28	35	45
10000	0,99	8,2	9,4	10,3	10,9	11,4	11,8	12,2	12,9	13,4	14,1	14,8	15,6
20000	1,98	10,6	12,3	13,3	14,2	31,1	15,4	15,9	16,7	17,5	18,4	19,2	20,3
30000	2,98	12,4	14,3	15,5	16,5	33,0	17,9	18,5	19,5	20,3	21,4	22,4	23,6
40000	3,97	13,8	15,9	17,3	18,4	34,4	20,0	20,7	21,8	22,7	23,8	25,0	26,3
50000	4,96	15,0	17,3	18,8	20,0	35,5	21,8	22,5	23,7	24,7	25,9	27,2	28,6
60000	5,95	16,1	18,6	20,2	21,4	36,4	23,3	24,1	25,4	26,4	27,8	29,1	30,7
70000	6,94	17,0	19,7	21,4	22,7	37,2	24,7	25,5	26,9	28,0	29,5	30,9	32,5
80000	7,94	17,9	20,7	22,5	23,9	37,9	26,0	26,8	28,3	29,5	31,0	32,4	34,2
90000	8,93	18,7	21,6	23,5	25,0	38,6	27,2	28,0	29,6	30,8	32,4	33,9	35,7
100000	9,92	19,5	22,5	24,5	26,0	39,2	28,3	29,2	30,7	32,1	33,7	35,3	37,2
110000	10,91	20,2	23,3	25,4	26,9	39,7	29,3	30,3	31,9	33,2	34,9	36,6	38,6
120000	11,90	20,9	24,1	26,2	27,8	40,2	30,3	31,3	32,9	34,3	36,1	37,8	39,8
130000	12,90	21,5	24,8	27,0	28,7	40,6	31,2	32,2	34,0	35,4	37,2	39,0	41,1
140000	13,89	22,1	25,6	27,8	29,5	41,1	32,1	33,1	34,9	36,4	38,3	40,1	42,2
150000	14,88	22,7	26,2	28,5	30,3	41,5	32,9	34,0	35,8	37,4	39,3	41,1	43,3
160000	15,87	23,3	26,9	29,2	31,0	41,9	33,8	34,9	36,7	38,3	40,2	42,2	44,4
170000	16,87	23,8	27,5	29,9	31,8	42,2	34,5	35,7	37,6	39,2	41,2	43,1	45,4
180000	17,86	24,3	28,1	30,6	32,4	42,6	35,3	36,4	38,4	40,0	42,1	44,1	46,4
190000	18,85	24,8	28,7	31,2	33,1	42,9	36,0	37,2	39,2	40,8	42,9	45,0	47,4
200000	19,84	25,3	29,2	31,8	33,8	43,2	36,7	37,9	39,9	41,6	43,8	45,9	48,3
210000	20,83	25,8	29,8	32,4	34,4	43,5	37,4	38,6	40,7	42,4	44,6	46,7	49,2
220000	21,83	26,3	30,3	33,0	35,0	43,8	38,1	39,3	41,4	43,2	45,4	47,5	50,1

Nota: Para tramos largos es admisible una pérdida de carga de hasta el 10%, pero no superior, porque hemos de considerar la pérdida de presión en contador. Esta tabla se puede utilizar sin más que establecer la proporción equivalente de longitud.

Ejemplo

Con una potencia térmica a transportar de 200000 Kcal/h en una conducción de 22 metros de longitud equivalente el diámetro teórico será de 41,6 mm, provocando una pérdida de carga del 5%. Si admitimos una pérdida de carga del 10% en el mismo circuito el diámetro interior teórico será el correspondiente a una longitud de 22/2 =11 metros (adoptamos L=12 m), esto es 36,7 mm.

ANEXO 2: TABLA 4

ESTIMACION DEL DIÁMETRO DE LAS CONDUCCIONES DE PROPANO EN MPB
A PARTIR DE LA PÉRDIDA DE CARGA

- PCS 24.900 Kcal/Nm^3
- Presión 0,6 BAR
- Pérdida de carga prevista: 0,12 BAR (20%)
- Equivalencia: 1 KW = 860 Kcal/h.

POTENCIA Y CAUDAL		Longitud equivalente de la conducción, en metros.												
Kcal/h	Nm³/h	5	10	15	20	25	30	35	40	50	60	70	80	100
10000	0,40	2,7	3,2	3,4	3,6	3,8	4,0	4,1	4,2	4,4	4,6	4,7	4,9	5,1
20000	0,80	3,5	4,1	4,5	4,7	5,0	5,1	5,3	5,5	5,7	5,9	6,1	6,3	6,6
30000	1,20	4,1	4,8	5,2	5,5	5,8	6,0	6,2	6,4	6,7	6,9	7,2	7,4	7,7
40000	1,61	4,6	5,3	5,8	6,1	6,4	6,7	6,9	7,1	7,4	7,7	8,0	8,2	8,6
50000	2,01	5,0	5,8	6,3	6,7	7,0	7,3	7,5	7,7	8,1	8,4	8,7	8,9	9,3
60000	2,41	5,4	6,2	6,7	7,2	7,5	7,8	8,0	8,3	8,7	9,0	9,3	9,6	10,0
70000	2,81	5,7	6,6	7,2	7,6	8,0	8,3	8,5	8,8	9,2	9,5	9,8	10,1	10,6
80000	3,21	6,0	6,9	7,5	8,0	8,4	8,7	9,0	9,2	9,7	10,0	10,4	10,6	11,2
90000	3,61	6,3	7,2	7,9	8,3	8,7	9,1	9,4	9,6	10,1	10,5	10,8	11,1	11,7
100000	4,02	6,5	7,5	8,2	8,7	9,1	9,4	9,8	10,0	10,5	10,9	11,3	11,6	12,1
110000	4,42	6,8	7,8	8,5	9,0	9,4	9,8	10,1	10,4	10,9	11,3	11,7	12,0	12,6
120000	4,82	7,0	8,1	8,8	9,3	9,7	10,1	10,5	10,7	11,3	11,7	12,1	12,4	13,0
130000	5,22	7,2	8,3	9,0	9,6	10,0	10,4	10,8	11,1	11,6	12,0	12,4	12,8	13,4
140000	5,62	7,4	8,5	9,3	9,9	10,3	10,7	11,1	11,4	11,9	12,4	12,8	13,2	13,8
150000	6,02	7,6	8,8	9,5	10,1	10,6	11,0	11,4	11,7	12,2	12,7	13,1	13,5	14,1
160000	6,43	7,8	9,0	9,8	10,4	10,9	11,3	11,7	12,0	12,5	13,0	13,5	13,8	14,5
180000	7,23	8,1	9,4	10,2	10,8	11,4	11,8	12,2	12,5	13,1	13,6	14,1	14,5	15,1
200000	8,03	8,5	9,8	10,6	11,3	11,8	12,3	12,7	13,0	13,6	14,2	14,6	15,0	15,8
220000	8,84	8,8	10,1	11,0	11,7	12,3	12,7	13,1	13,5	14,1	14,7	15,2	15,6	16,3
240000	9,64	9,1	10,5	11,4	12,1	12,7	13,2	13,6	14,0	14,6	15,2	15,7	16,1	16,9
260000	10,44	9,3	10,8	11,7	12,5	13,1	13,6	14,0	14,4	15,1	15,7	16,2	16,6	17,4
280000	11,24	9,6	11,1	12,1	12,8	13,4	13,9	14,4	14,8	15,5	16,1	16,6	17,1	17,9
300000	12,05	9,9	11,4	12,4	13,2	13,8	14,3	14,8	15,2	15,9	16,5	17,1	17,5	18,4
350000	14,06	10,5	12,1	13,1	13,9	14,6	15,2	15,7	16,1	16,9	17,5	18,1	18,6	19,5
400000	16,06	11,0	12,7	13,8	14,7	15,4	15,9	16,5	16,9	17,7	18,4	19,0	19,5	20,5
450000	18,07	11,5	13,3	14,4	15,3	16,1	16,7	17,2	17,7	18,5	19,3	19,9	20,4	21,4
500000	20,08	12,0	13,8	15,0	16,0	16,7	17,4	17,9	18,4	19,3	20,0	20,7	21,3	22,3

Nota: Esta pérdida de carga (20%) es la máxima admisible en este tipo de instalaciones. Si queremos reducirla bastará adoptar la correspondiente proporción entre longitudes.

Ejemplo

Con una potencia térmica a transportar de 100000 Kcal/h en una conducción de 15 metros de longitud equivalente el diámetro teórico será de 8,2 mm, provocando una pérdida de carga del 20%. Si queremos que la pérdida de carga sea del 10% en el mismo circuito el diámetro interior teórico será el correspondiente a una longitud de 15x2=30 metros, esto es 9,4 mm.

ANEXO 2: TABLA 5

ESTIMACION DEL DIÁMETRO DE LAS CONDUCCIONES DE PROPANO EN MPB,
A PARTIR DE LA PÉRDIDA DE CARGA

- PCS 24.900 Kcal/Nm³
- Presión 1,2 BAR
- Pérdida de carga prevista: 0,12 BAR (10%)
- Equivalencia: 1 KW = 860 Kcal/h.

POTENCIA Y CAUDAL		Longitud equivalente de la conducción, en metros.											
Kcal/h	Nm³/h	5	10	15	20	25	30	35	40	50	60	70	80	100
10000	0,40	2,3	2,7	2,9	3,1	3,2	3,4	3,5	3,6	3,7	3,9	4,0	4,1	4,3
20000	0,80	3,0	3,5	3,8	4,0	4,2	4,4	4,5	4,6	4,9	5,0	5,2	5,3	5,6
30000	1,20	3,5	4,0	4,4	4,7	4,9	5,1	5,3	5,4	5,7	5,9	6,1	6,2	6,5
40000	1,61	3,9	4,5	4,9	5,2	5,5	5,7	5,9	6,0	6,3	6,5	6,8	6,9	7,3
50000	2,01	4,3	4,9	5,3	5,7	5,9	6,2	6,4	6,5	6,9	7,1	7,4	7,6	7,9
60000	2,41	4,6	5,3	5,7	6,1	6,4	6,6	6,8	7,0	7,3	7,6	7,9	8,1	8,5
70000	2,81	4,8	5,6	6,1	6,4	6,7	7,0	7,2	7,4	7,8	8,1	8,3	8,6	9,0
80000	3,21	5,1	5,9	6,4	6,8	7,1	7,4	7,6	7,8	8,2	8,5	8,8	9,0	9,5
90000	3,61	5,3	6,1	6,7	7,1	7,4	7,7	7,9	8,2	8,6	8,9	9,2	9,4	9,9
100000	4,02	5,5	6,4	6,9	7,4	7,7	8,0	8,3	8,5	8,9	9,3	9,6	9,8	10,3
110000	4,42	5,7	6,6	7,2	7,6	8,0	8,3	8,6	8,8	9,2	9,6	9,9	10,2	10,7
120000	4,82	5,9	6,8	7,4	7,9	8,3	8,6	8,9	9,1	9,5	9,9	10,2	10,5	11,0
130000	5,22	6,1	7,0	7,7	8,1	8,5	8,8	9,1	9,4	9,8	10,2	10,5	10,8	11,4
140000	5,62	6,3	7,2	7,9	8,4	8,8	9,1	9,4	9,7	10,1	10,5	10,8	11,2	11,7
150000	6,02	6,4	7,4	8,1	8,6	9,0	9,3	9,6	9,9	10,4	10,8	11,1	**11,4**	12,0
160000	6,43	6,6	7,6	8,3	8,8	9,2	9,6	9,9	10,2	10,6	11,0	11,4	11,7	12,3
180000	7,23	6,9	8,0	8,7	9,2	9,6	10,0	10,3	10,6	11,1	11,5	11,9	12,3	12,8
200000	8,03	7,2	8,3	9,0	9,6	10,0	10,4	10,7	11,0	11,6	12,0	12,4	12,8	13,4
220000	8,84	7,4	8,6	9,3	9,9	10,4	10,8	11,1	11,5	12,0	12,5	12,9	13,2	13,9
240000	9,64	7,7	8,9	9,7	10,3	10,7	11,2	11,5	11,8	12,4	12,9	13,3	13,7	14,3
260000	10,44	7,9	9,1	10,0	10,6	11,1	11,5	11,9	12,2	12,8	13,3	13,7	14,1	14,8
280000	11,24	8,1	9,4	10,2	10,9	11,4	11,8	12,2	12,5	13,1	13,6	14,1	14,5	15,2
300000	12,05	8,4	9,7	10,5	11,2	11,7	12,1	12,5	12,9	13,5	14,0	14,5	14,9	15,6
350000	14,06	8,9	10,2	11,1	11,8	12,4	12,9	13,3	13,6	14,3	14,8	15,3	15,8	16,5
400000	16,06	9,3	10,8	11,7	12,4	13,0	13,5	14,0	14,4	15,0	15,6	16,1	16,6	17,4
450000	18,07	9,7	11,3	12,2	13,0	13,6	14,1	14,6	15,0	15,7	16,3	16,9	17,3	18,1
500000	20,08	10,1	11,7	12,7	13,5	14,2	14,7	15,2	15,6	16,4	17,0	17,5	18,0	18,9

Nota: Esta tabla NO deberá usarse para cálculos con baterías de botellas I-350 o UD 110 provistas de inversor automático, por lo que la presión en "reserva" será del orden de 0,6 BAR. Utilizar en este caso la tabla 4.

ANEXO 2: TABLA 6

ESTIMACION DEL DIÁMETRO DE LAS CONDUCCIONES DE GAS NATURAL EN MPB,
A PARTIR DE LA PÉRDIDA DE CARGA

- PCS 10.080 Kcal/Nm³
- Presión 1,2 BAR.
- Pérdida de carga prevista: 0,12 BAR (10%)
- Equivalencia: 1 KW = 860 Kcal/h.

POTENCIA Y CAUDAL		Longitud equivalente de la conducción en metros												
Kcal/h	Nm³/h	5	10	15	20	25	30	35	40	50	60	70	80	100
10000	0,99	2,8	3,3	3,5	3,8	3,9	4,1	4,2	4,4	4,6	4,7	4,9	5,0	5,3
20000	1,98	3,7	4,2	4,6	4,9	5,1	5,3	5,5	5,7	5,9	6,1	6,3	6,5	6,8
30000	2,98	4,3	4,9	5,4	5,7	6,0	6,2	6,4	6,6	6,9	7,2	7,4	7,6	8,0
40000	3,97	4,8	5,5	6,0	6,4	6,7	6,9	7,1	7,3	7,7	8,0	8,2	8,5	8,9
50000	4,96	5,2	6,0	6,5	6,9	7,2	7,5	7,8	8,0	8,4	8,7	9,0	9,2	9,7
60000	5,95	5,6	6,4	7,0	7,4	7,8	8,1	8,3	8,6	9,0	9,3	9,6	9,9	10,4
70000	6,94	5,9	6,8	7,4	7,9	8,2	8,5	8,8	9,1	9,5	9,9	10,2	10,5	11,0
80000	7,94	6,2	7,2	7,8	8,3	8,7	9,0	9,3	9,5	10,0	10,4	10,7	11,0	11,5
90000	8,93	6,5	7,5	8,1	8,6	9,0	9,4	9,7	10,0	10,4	10,9	11,2	11,5	12,1
100000	9,92	6,7	7,8	8,5	9,0	9,4	9,8	10,1	10,4	10,9	11,3	11,7	12,0	12,6
110000	10,91	7,0	8,1	8,8	9,3	9,8	10,1	10,5	10,8	11,3	11,7	12,1	12,4	13,0
120000	11,90	7,2	8,3	9,1	9,6	10,1	10,5	10,8	11,1	11,6	12,1	12,5	12,8	13,4
130000	12,90	7,4	8,6	9,4	9,9	10,4	10,8	11,1	11,5	12,0	12,5	12,9	13,2	13,9
140000	13,89	7,7	8,8	9,6	10,2	10,7	11,1	11,5	11,8	12,3	12,8	13,2	13,6	14,3
150000	14,88	7,9	9,1	9,9	10,5	11,0	11,4	11,8	12,1	12,7	13,2	13,6	14,0	14,6
160000	15,87	8,1	9,3	10,1	10,7	11,2	11,7	12,1	12,4	13,0	13,5	13,9	14,3	15,0
180000	17,86	8,4	9,7	10,6	11,2	11,8	12,2	12,6	13,0	13,6	14,1	14,6	15,0	15,7
200000	19,84	8,8	10,1	11,0	11,7	12,2	12,7	13,1	13,5	14,1	14,7	15,1	15,6	16,3
220000	21,83	9,1	10,5	11,4	12,1	12,7	13,2	13,6	14,0	14,6	15,2	15,7	16,1	16,9
240000	23,81	9,4	10,8	11,8	12,5	13,1	13,6	14,1	14,4	15,1	15,7	16,2	16,7	17,5
260000	25,79	9,7	11,2	12,1	12,9	13,5	14,0	14,5	14,9	15,6	16,2	16,7	17,2	18,0
280000	27,78	9,9	11,5	12,5	13,3	13,9	14,4	14,9	15,3	16,0	16,7	17,2	17,7	18,5
300000	29,76	10,2	11,8	12,8	13,6	14,3	14,8	15,3	15,7	16,5	17,1	17,7	18,1	19,0
350000	34,72	10,8	12,5	13,6	14,4	15,1	15,7	16,2	16,7	17,4	18,1	18,7	19,2	20,1
400000	39,68	11,4	13,1	14,3	15,2	15,9	16,5	17,0	17,5	18,4	19,1	19,7	20,2	21,2
450000	44,64	11,9	13,7	14,9	15,9	16,6	17,3	17,8	18,3	19,2	19,9	20,6	21,2	22,2
500000	49,60	12,4	14,3	15,6	16,5	17,3	18,0	18,5	19,1	20,0	20,7	21,4	22,0	23,1

Nota: No es recomendable sobrepasar la pérdida de carga del 10% establecida en esta tabla.

ANEXO 2: TABLA 7

VELOCIDAD DEL GAS EN METROS POR SEGUNDO EN UNA CONDUCCIÓN DE GAS
PROPANO SEGÚN LA POTENCIA TÉRMICA TRANSPORTADA. PRESIÓN DE 0,6 BAR

POTENCIA Y CAUDAL		DIAMETRO INTERIOR EN MM.											
Kcal/h	Nm³/h	10	12	14	16	18	20	22	24	28	32	36	40
10000	0,40	1,0	0,7	0,5	0,4	0,3	0,2	0,2	0,2	0,1	0,1	0,1	0,1
20000	0,80	1,9	1,3	1,0	0,7	0,6	0,5	0,4	0,3	0,2	0,2	0,1	0,1
30000	1,20	2,9	2,0	1,5	1,1	0,9	0,7	0,6	0,5	0,4	0,3	0,2	0,2
40000	1,61	3,8	2,7	2,0	1,5	1,2	1,0	0,8	0,7	0,5	0,4	0,3	0,2
50000	2,01	4,8	3,3	2,4	1,9	1,5	1,2	1,0	0,8	0,6	0,5	0,4	0,3
60000	2,41	5,7	4,0	2,9	2,2	1,8	1,4	1,2	1,0	0,7	0,6	0,4	0,4
70000	2,81	6,7	4,6	3,4	2,6	2,1	1,7	1,4	1,2	0,9	0,7	0,5	0,4
80000	3,21	7,6	5,3	3,9	3,0	2,4	1,9	1,6	1,3	1,0	0,7	0,6	0,5
90000	3,61	8,6	6,0	4,4	3,4	2,7	2,2	1,8	1,5	1,1	0,8	0,7	0,5
100000	4,02	9,6	6,6	4,9	3,7	3,0	2,4	2,0	1,7	1,2	0,9	0,7	0,6
110000	4,42	10,5	7,3	5,4	4,1	3,2	2,6	2,2	1,8	1,3	1,0	0,8	0,7
120000	4,82	11,5	8,0	5,9	4,5	3,5	2,9	2,4	2,0	1,5	1,1	0,9	0,7
130000	5,22	12,4	8,6	6,3	4,9	3,8	3,1	2,6	2,2	1,6	1,2	1,0	0,8
140000	5,62	13,4	9,3	6,8	5,2	4,1	3,3	2,8	2,3	1,7	1,3	1,0	0,8
150000	6,02	14,3	10,0	7,3	5,6	4,4	3,6	3,0	2,5	1,8	1,4	1,1	0,9
160000	6,43	15,3	10,6	7,8	6,0	4,7	3,8	3,2	2,7	2,0	1,5	1,2	1,0
180000	7,23	17,2	12,0	8,8	6,7	5,3	4,3	3,6	3,0	2,2	1,7	1,3	1,1
200000	8,03	19,1	13,3	9,8	7,5	5,9	4,8	4,0	3,3	2,4	1,9	1,5	1,2
220000	8,84	21,0	14,6	10,7	8,2	6,5	5,3	4,3	3,7	2,7	2,1	1,6	1,3
240000	9,64	22,9	15,9	11,7	9,0	7,1	5,7	4,7	4,0	2,9	2,2	1,8	1,4
260000	10,44	24,9	17,3	12,7	9,7	7,7	6,2	5,1	4,3	3,2	2,4	1,9	1,6
280000	11,24	26,8	18,6	13,7	10,5	8,3	6,7	5,5	4,6	3,4	2,6	2,1	1,7
300000	12,05	28,7	19,9	14,6	11,2	8,9	7,2	5,9	5,0	3,7	2,8	2,2	1,8
350000	14,06	33,5	23,2	17,1	13,1	10,3	8,4	6,9	5,8	4,3	3,3	2,6	2,1
400000	16,06	38,2	26,6	19,5	14,9	11,8	9,6	7,9	6,6	4,9	3,7	3,0	2,4
450000	18,07	43,0	29,9	22,0	16,8	13,3	10,8	8,9	7,5	5,5	4,2	3,3	2,7
500000	20,08	47,8	33,2	24,4	18,7	14,8	12,0	9,9	8,3	6,1	4,7	3,7	3,0

ANEXO 2: TABLA 8

VELOCIDAD DEL GAS EN METROS POR SEGUNDO EN UNA CONDUCCIÓN DE GAS
PROPANO SEGÚN LA POTENCIA TÉRMICA TRANSPORTADA. PRESIÓN DE 1,2 BAR

POTENCIA Y CAUDAL		Diámetro interior de la conducción en mm											
Kcal/h	Nm³/h	10	12	14	16	18	20	22	24	28	32	36	40
10000	0,40	0,7	0,5	0,4	0,3	0,2	0,2	0,1	0,1	0,1	0,1	0,1	0,0
20000	0,80	1,4	1,0	0,7	0,5	0,4	0,3	0,3	0,2	0,2	0,1	0,1	0,1
30000	1,20	2,1	1,4	1,1	0,8	0,6	0,5	0,4	0,4	0,3	0,2	0,2	0,1
40000	1,61	2,8	1,9	1,4	1,1	0,9	0,7	0,6	0,5	0,4	0,3	0,2	0,2
50000	2,01	3,5	2,4	1,8	1,4	1,1	0,9	0,7	0,6	0,4	0,3	0,3	0,2
60000	2,41	4,2	2,9	2,1	1,6	1,3	1,0	0,9	0,7	0,5	0,4	0,3	0,3
70000	2,81	4,9	3,4	2,5	1,9	1,5	1,2	1,0	0,8	0,6	0,5	0,4	0,3
80000	3,21	5,6	3,9	2,8	2,2	1,7	1,4	1,1	1,0	0,7	0,5	0,4	0,3
90000	3,61	6,3	4,3	3,2	2,4	1,9	1,6	1,3	1,1	0,8	0,6	0,5	0,4
100000	4,02	6,9	4,8	3,5	2,7	2,1	1,7	1,4	1,2	0,9	0,7	0,5	0,4
110000	4,42	7,6	5,3	3,9	3,0	2,4	1,9	1,6	1,3	1,0	0,7	0,6	0,5
120000	4,82	8,3	5,8	4,3	3,3	2,6	2,1	1,7	1,4	1,1	0,8	0,6	0,5
130000	5,22	9,0	6,3	4,6	3,5	2,8	2,3	1,9	1,6	1,2	0,9	0,7	0,6
140000	5,62	9,7	6,8	5,0	3,8	3,0	2,4	2,0	1,7	1,2	0,9	0,8	0,6
150000	6,02	10,4	7,2	5,3	4,1	3,2	2,6	2,2	1,8	1,3	1,0	0,8	0,7
160000	6,43	11,1	7,7	5,7	4,3	3,4	2,8	2,3	1,9	1,4	1,1	0,9	0,7
180000	7,23	12,5	8,7	6,4	4,9	3,9	3,1	2,6	2,2	1,6	1,2	1,0	0,8
200000	8,03	13,9	9,6	7,1	5,4	4,3	3,5	2,9	2,4	1,8	1,4	1,1	0,9
220000	8,84	15,3	10,6	7,8	6,0	4,7	3,8	3,2	2,7	1,9	1,5	1,2	1,0
240000	9,64	16,7	11,6	8,5	6,5	5,1	4,2	3,4	2,9	2,1	1,6	1,3	1,0
260000	10,44	18,1	12,5	9,2	7,1	5,6	4,5	3,7	3,1	2,3	1,8	1,4	1,1
280000	11,24	19,5	13,5	9,9	7,6	6,0	4,9	4,0	3,4	2,5	1,9	1,5	1,2
300000	12,05	20,8	14,5	10,6	8,1	6,4	5,2	4,3	3,6	2,7	2,0	1,6	1,3
350000	14,06	24,3	16,9	12,4	9,5	7,5	6,1	5,0	4,2	3,1	2,4	1,9	1,5
400000	16,06	27,8	19,3	14,2	10,9	8,6	6,9	5,7	4,8	3,5	2,7	2,1	1,7
450000	18,07	31,3	21,7	16,0	12,2	9,6	7,8	6,5	5,4	4,0	3,1	2,4	2,0
500000	20,08	34,7	24,1	17,7	13,6	10,7	8,7	7,2	6,0	4,4	3,4	2,7	2,2

ANEXO 2: TABLA 9

VELOCIDAD DEL GAS EN METROS POR SEGUNDO EN UNA CONDUCCIÓN DE GAS NATURAL SEGÚN LA POTENCIA TÉRMICA TRANSPORTADA. PRESIÓN DE 1,2 BAR

POTENCIA Y CAUDAL		Diámetro interior de la conducción en mm											
Kcal/h	Nm³/h	10	12	14	16	18	20	22	24	28	32	36	40
10000	0,93	1,6	1,1	0,8	0,6	0,5	0,4	0,3	0,3	0,2	0,2	0,1	0,1
20000	1,85	3,2	2,2	1,6	1,3	1,0	0,8	0,7	0,6	0,4	0,3	0,2	0,2
30000	2,78	4,8	3,3	2,5	1,9	1,5	1,2	1,0	0,8	0,6	0,5	0,4	0,3
40000	3,70	6,4	4,4	3,3	2,5	2,0	1,6	1,3	1,1	0,8	0,6	0,5	0,4
50000	4,63	8,0	5,6	4,1	3,1	2,5	2,0	1,7	1,4	1,0	0,8	0,6	0,5
60000	5,56	9,6	6,7	4,9	3,8	3,0	2,4	2,0	1,7	1,2	0,9	0,7	0,6
70000	6,48	11,2	7,8	5,7	4,4	3,5	2,8	2,3	1,9	1,4	1,1	0,9	0,7
80000	7,41	12,8	8,9	6,5	5,0	4,0	3,2	2,6	2,2	1,6	1,3	1,0	0,8
90000	8,33	14,4	10,0	7,4	5,6	4,4	3,6	3,0	2,5	1,8	1,4	1,1	0,9
100000	9,26	16,0	11,1	8,2	6,3	4,9	4,0	3,3	2,8	2,0	1,6	1,2	1,0
110000	10,19	17,6	12,2	9,0	6,9	5,4	4,4	3,6	3,1	2,2	1,7	1,4	1,1
120000	11,11	19,2	13,3	9,8	7,5	5,9	4,8	4,0	3,3	2,5	1,9	1,5	1,2
130000	12,04	20,8	14,5	10,6	8,1	6,4	5,2	4,3	3,6	2,7	2,0	1,6	1,3
140000	12,96	22,4	15,6	11,4	8,8	6,9	5,6	4,6	3,9	2,9	2,2	1,7	1,4
150000	13,89	24,0	16,7	12,3	9,4	7,4	6,0	5,0	4,2	3,1	2,3	1,9	1,5
160000	14,81	25,6	17,8	13,1	10,0	7,9	6,4	5,3	4,4	3,3	2,5	2,0	1,6
180000	16,67	28,8	20,0	14,7	11,3	8,9	7,2	6,0	5,0	3,7	2,8	2,2	1,8
200000	18,52	32,0	22,2	16,3	12,5	9,9	8,0	6,6	5,6	4,1	3,1	2,5	2,0
220000	20,37	35,2	24,5	18,0	13,8	10,9	8,8	7,3	6,1	4,5	3,4	2,7	2,2
240000	22,22	38,4	26,7	19,6	15,0	11,9	9,6	7,9	6,7	4,9	3,8	3,0	2,4
260000	24,07	41,6	28,9	21,2	16,3	12,9	10,4	8,6	7,2	5,3	4,1	3,2	2,6
280000	25,93	44,9	31,1	22,9	17,5	13,8	11,2	9,3	7,8	5,7	4,4	3,5	2,8
300000	27,78	48,1	33,4	24,5	18,8	14,8	12,0	9,9	8,3	6,1	4,7	3,7	3,0
350000	32,41	56,1	38,9	28,6	21,9	17,3	14,0	11,6	9,7	7,2	5,5	4,3	3,5
400000	37,04	64,1	44,5	32,7	25,0	19,8	16,0	13,2	11,1	8,2	6,3	4,9	4,0
450000	41,67	72,1	50,1	36,8	28,2	22,2	18,0	14,9	12,5	9,2	7,0	5,6	4,5
500000	46,30	80,1	55,6	40,9	31,3	24,7	20,0	16,5	13,9	10,2	7,8	6,2	5,0

GLOSARIO

Acometida: conexión a una red de distribución de gas canalizado para servicio de un abonado individual o colectivo.

Adaptador-regulador Kosangas de presión regulable: cabezal para adaptar los envases de G.L.P. UD 110 y UD 125 a la red y que permite regular la presión de salida hasta 2 BAR.

Adaptador de salida libre: construcción similar al anterior pero que descarga toda la presión de la botella y no permite regulación.

Adaptador-regulador "Kosangas" K 30: utilizado en instalaciones domésticas con envases de gas butano UD 125 y que da una presión fija de salida de 32 gr/cm^2.

Aire propanado: mezcla de aire y gas propano que permite complementar o sustituir eventualmente el gas natural canalizado.

Armario de regulación: conjunto normalizado que permiten conectar las instalaciones de abonado a las acometidas, reduciendo la presión de éstas a la de distribución o la de consumo.

Atmósfera: unidad de presión. Aproximadamente 1 Atmósfera = 1 BAR.

Bar: unidad de presión. Son submúltiplos el milibar (mBAR) y el mm.c.a. (1 mBAR = 10 mm.c.a.).

Biogás: gas de origen vegetal o animal generado en cámaras con digestores y utilizado habitualmente para consumo propio.

Columna de agua: aparato de medida para presiones bajas en el que se provoca un desnivel hidráulico equivalente a la presión manométrica de un gas, expresándose ésta en mm.c.a.

Condiciones normales de un gas: son las que se entienden a 0° C y presión atmosférica.

Condiciones standard de un gas: son las que corresponden a +15° C y presión atmosférica.

Condiciones reales de un gas: se refieren a las propiedades en las condiciones específicas de distribución o alimentación.

Conducción: canalización por la que transcurre la fase gas o líquida.

Contador: aparato que mide y registra el caudal trasegado en m^3/h a la presión de distribución o consumo.

Densidad absoluta: masa por unidad de volumen.

Densidad aparente: también se le conoce como densidad ficticia y es la relativa respecto a la del aire.

Depósitos de G.L.P: recipientes cilíndricos rematados por dos casquetes esféricos y que se utilizan para almacenar gas a granel.

Ecuación de los gases perfectos: fórmula matemática que relaciona, en valores absolutos, las denominadas "condiciones normales" con las "condiciones reales" de un gas.

Envase I 350: envase normalizado que puede contener 35 Kgs. de gas propano, provisto de válvula IESA.

Envase popular: pequeños envases no provistos de válvula de seguridad y con un tapón roscado y que permiten transportarlos en vehículos no autorizados.

Envase UD 110: envase normalizado que puede contener 11 Kgs. de gas propano, provisto de válvula KOSANGAS.

Envase UD 125: envase normalizado que puede contener 12,5 Kgs. de gas propano, provisto de válvula KOSANGAS.

Fórmulas de Renouard: fórmulas básicas para la determinación de la pérdida de carga en una conducción de gas.

Gas a granel: gas propano comercial (hasta el 20% de gas butano) o metalúrgico (100% propano puro) suministrado a través de camiones cisterna a los depósitos fijos.

Gas canalizado: gas conducido por conducciones hasta los puntos de consumo. Habitualmente es gas natural, pero existen pequeñas canalizaciones (urbanizaciones…) a partir de un depósito de G.L.P. a granel.

Gas combustible industrial: gases combustibles homogéneos y empleados en los sectores residencial, industrial y terciario.

Gas comprimido: el que solamente se utiliza en fase gaseosa (gas natural).

Gas envasado: gas licuado del petróleo (butano o propano) que se almacena en fase líquida en un envase móvil.

Gas licuado del petróleo: proveniente de la destilación de éste, se almacena en fase líquida en grandes cisternas, para su posterior envase o distribución a granel.

Gas manufacturado: producido a partir de diversas materias primas, es el que antes se denominaba "gas ciudad".

Gas natural: obtenido desde yacimientos en los cuales acompaña o no al petróleo. Está constituido mayormente por gas metano.

Gaseoducto: canalización para transportar gas (especialmente gas natural) a largas distancias.

Indicador de nivel: en un depósito de G.L.P. a granel indica, mediante un sistema magnético, el % de llenado.

Índice de Wobbe: valor numérico en relación con el PCS de un gas y su densidad aparente. Permite clasificar los gases en familias y está en relación con la intercambiabilidad de éstos.

Inversores automáticos: aparatos utilizados en las baterías con envases móviles de G.L.P. que permiten la entrada del ramal de reserva sin cortar el paso del gas.

Inversores manuales: aparatos utilizados en las baterías con envases móviles de G.L.P. que permiten la entrada del ramal de reserva cortando el paso del gas.

Latiguillo: tubo flexible reforzado para soportar la alta presión cuyos extremos están provistos de tuercas normalizadas.

Limitador de presión: aparato de seguridad colocado tras los manorreductores de MPB o inversores automáticos que impide, en caso de avería de éstos, que la presión pase de 1,7 BAR en las instalaciones domésticas y de 3 BAR en las industriales.

Manómetros: aparatos de fuelle o membrana, en seco o con glicerina, que miden directamente la presión del gas.

Manorreductor fijo: aparato que mantiene constante la presión aguas abajo en una conducción, sea cual sea el caudal y la presión de entrada, dentro de unos límites.

Manorreductor ajustable: aparato que mantiene constante la presión aguas abajo en una conducción, sea cual sea el caudal y la presión de entrada, pero dispone de un tornillo de regulación que permite ajustarlo dentro de unos pequeños límites (p.ej.: 200-350 mm.c.a.).

Manorreductor regulable: aparato que mantiene constante la presión aguas abajo en una conducción pero que, gracias a una maneta que controla el muelle antagónico del manorreductor puede hacer variar la presión entre amplios límites (p.ej.: 0 a 3 BAR).

Multiválvula: accesorio de los depósitos de G.L.P. en la que se encuentra la llave de paso de fase gas (utilización) y el indicador de punto alto de llenado.

Pérdida de carga en una conducción: caída de presión en la misma, en valores absolutos o en %.

Poder calorífico inferior: cantidad total de calor que genera una unidad de volumen de un gas sin tener en cuenta el hipotético calor de condensación del vapor de agua producido.

Poder calorífico superior: cantidad total de calor que genera una unidad de volumen de un gas teniendo en cuenta el hipotético calor de condensación del vapor de agua producido.

Potencia térmica: cantidad de calor quemado por unidad de tiempo. Se expresa en KW o Kcal/h.

Temperatura de vaporización: es aquella a la que un gas licuado hierve a presión atmosférica.

Válvula de carga: en un depósito de G.L.P. a granel se refiere a la boca de llenado, en donde se conecta la manguera.

Válvula de corte: llave intercalada en un circuito, de cierre y apertura rápidos (normalmente de 1/4 vuelta).

Válvulas de escape: alivian a la atmósfera las sobrepresiones transitorias en una red de distribución. También se conocen como VAS (válvulas de alivio por sobrepresión).

Válvulas de intercepción: denominadas VIS, pueden actuar por mínima o por máxima presión cortando la línea distribuidora si se sobrepasan los umbrales.

Válvula de regulación: llave intercalada en un circuito de cierre y apertura suaves, que permite un ajuste del caudal controlado (compuerta y similares).

Válvula de salida en fase líquida: en un depósito de G.L.P. a granel, válvula conectada al tubo sonda mediante un adaptador tipo check-lock.

Válvula de seguridad de exceso de presión: en un depósito de G.L.P. a granel, válvula hidrostática que abre a la presión de tarado 20 BAR en caso de una elevación anormal de temperatura (incendio…).

Válvula de retención: permite el paso del gas solamente en un sentido.

Válvula pulsadora: permite acoplar los manómetros de muy baja presión (ventómetros) a la red de distribución, de modo que la comunicación con ésta se establezca solamente mientras se mantiene pulsada la válvula.

Vaporizador: diispositivo que mediante la aportación de calor externo proveniente de una resistencia eléctrica o de una caldera de calefacción hace hervir el gas propano líquido cuando el consumo de éste es tan elevado que no basta la vaporización natural del depósito.

Ventómetro: manómetro para medir muy bajas presiones.

Volumen específico: se dice del volumen ocupado por un kilogramo del gas, en condiciones normales, esto es, a 0° C y presión atmosférica.

CUESTIONARIO DE AUTOEVALUACIÓN

1. La densidad absoluta de un gas:

    a. Es un valor fijo expresado en Kgs/m^3

    b. Es mayor cuanto mayor es su temperatura.

    c. Es menor cuanto mayor es su temperatura.

2. La densidad aparente:

    a. Es la relativa con respecto al agua.

    b. Es la relativa con respecto al aire seco.

    c. Es un valor independiente que depende solamente del tipo de gas.

3. Un gas comprimido:

    a. Es un gas difícilmente licuable.

    b. Es un gas que no puede ser licuado.

    c. Cualquier tipo de gas envasado es un gas comprimido.

4. Los gases licuados se alojan en envases fijos o móviles:

    a. Llenos totalmente de líquido.

    b. Llenos parcialmente de líquido que coexiste con el gas.

    c. Un gas no puede ser líquido. Es incompatible.

5. El índice de Wobbe relaciona:

    a. El poder calorífico inferior de un gas y la densidad aparente.

    b. El poder calorífico superior de un gas y la densidad aparente.

    c. El peso específico y el poder calorífico superior.

6. Si decimos que el PCS de un gas es de 10.000 Kcal/Nm^3 indicamos que:

    a. El poder calorífico superior del gas es de 10.000 Kcal/m^3 a una temperatura de +15° C y una presión manométrica de 1 BAR.

    b. El poder calorífico superior del gas es de 10.000 Kcal/m^3 a una temperatura de 0° C y una presión manométrica de 1 BAR.

    c. El poder calorífico superior del gas es de 10.000 Kcal/m^3 a una temperatura de 0° C y una presión absoluta de 1 BAR.

7. En un envase con gas licuado la presión de vapor saturado:

    a. Depende de la temperatura exterior si no hay consumo de gas.

    b. Se conserva a un valor constante aún en el caso de una vaporización natural muy elevada.

    c. Ambas respuestas son erróneas.

8. La temperatura de vaporización de un gas licuado:

    a. Es aquella en la que éste hierve a presión atmosférica.

    b. Se expresa en ° C/Kg.

    c. Ambas respuestas son correctas.

9. Una red de distribución de gas a una presión manométrica de 1,5 BAR corresponde a:

    a. MPA

    b. MPB

    c. AP

10. Un receptor alimentado a 55 mBAR lo está a:

    a. MPA

    b. MPB

    c. BP

11. La presión manométrica 1000 mm.c.a. equivale:

    a. A una presión absoluta de 1,1 BAR.

    b. A una presión manométrica de 1000 mBAR.

    c. A una presión manométrica de 10 gr/cm².

12. La potencia térmica de una instalación se puede expresar:

    a. En Kjulios.

    b. En Kjulios/hora.

    c. En KW.

13. Si en la placa de una caldera indica "Potencia térmica 60 Kjul/s"

    a. Esa placa es incorrecta.

    b. Esa placa es correcta.

    c. La notación no es habitual, pero se puede aceptar.

14. La velocidad del gas en una conducción:

   a. No debe ser menor de 5 m/s.

   b. No debe ser mayor de 20 m/s.

   c. Tienen que cumplirse ambas condiciones.

15. En la fórmula de Renouard para el cálculo de pérdidas de carga en MPB los valores de las presiones:

   a. Serán manométricos.

   b. Serán absolutos.

   c. No importa, ya que actuamos con diferencias de presiones.

16. Si la pérdida de carga en una conducción en MPB es del 12% de la presión manométrica, el resultado es aceptable

   a. Sí.

   b. Sí, en el caso de que la velocidad del gas no exceda de 20 m/s

   c. Sí, en el caso de que la velocidad del gas no sea inferior a 5 m/s.

17. En baja presión la pérdida de carga máxima admisible es:

   a. Entre el 5% y el 10%.

   b. Menos del 20%.

   c. Depende de la longitud de la conducción.

18. La presión de utilización normalizada para los receptores de gas butano es:

   a. 370 mm.c.a.

   b. 280 mm.c.a.

   c. 180 mm.c.a.

19. La presión de utilización normalizada para los receptores de gas natural es:

   a. 370 mm.c.a.

   b. 280 mm.c.a.

   c. 180 mm.c.a.

20. Un armario de regulación para gas natural:

   a. Tiene una presión de entrada siempre en MPB.

   b. Puede tener una presión de entrada en MPA.

   c. Su presión de salida es en MPB.

21. Un manorreductor fijo para BP tiene como misión:

    a. Mantener fija la presión de salida siempre que no se modifique el caudal de gas.

    b. Subir la presión de salida si aumenta el consumo, para compensar la pérdida de carga.

    c. Mantener la presión de salida, sea cual sea la de entrada.

22. Si un regulador de contador para gas natural tiene una VIS de mínima a 11 mBAR:

    a. Ésta se disparará cuando la presión de salida sea inferior a este valor, rearmándose manualmente.

    b. El rearme será automático, pero sólo si se cierran todos los grifos y no hay fuga en la instalación.

    c. Los reguladores de contador no disponen de VIS de mínima.

23. Una válvula de escape VES:

    a. Abre a la atmósfera cuando hay sobrepresión, sin cortar el paso del gas.

    b. Abre a la atmósfera cuando hay sobrepresión, cortando el paso del gas.

    c. Su utilización está prohibida.

24. Un envase de G.L.P. tipo UD 125 se utiliza:

    a. Para almacenar 12,5 Kgs. de gas butano.

    b. Para almacenar 12,5 Kgs. de gas propano.

    c. Para almacenar 11 Kgs. de gas butano.

25. Los adaptadores-reguladores "Kosangas" K30 para envases de gas butano:

    a. Tienen una presión de salida de 32 gr/cm^2.

    b. Tienen una presión de salida de 37 gr/cm^2.

    c. Su presión de salida es de 150 mBAR si se han de usar para recorridos largos.

26. Un limitador de presión no deja pasar ésta de:

    a. 1,75 BAR.

    b. 3,00 BAR en instalaciones industriales.

    c. Ambas respuestas son correctas.

27. Un indicador de punto alto en un depósito de G.L.P. a granel:

  a. Tiene como función verificar que el nivel máximo de llenado no excede del 85%.

  b. El nivel máximo de llenado no puede pasar del 95%.

  c. Detecta que en la zona alta del depósito hay fase gas.

28. Los depósitos para almacenamiento de G.L.P. construidos para montaje aéreo son:

  a. Blancos.

  b. Negros.

  c. El color depende de la empresa suministradora de gas.

29. Un contador de gas mide directamente.

  a. Caudales en Kilogramos/hora.

  b. Caudales en m³/hora.

  c. Caudales en m³.

INSTALACIONES DE GAS
INTERPRETACIÓN DE PLANOS

ÍNDICE

Introducción.

Objetivos.

1. Locales y terrenos.

    1.1. Escalas numéricas.

    1.2. Escalas gráficas.

    1.3. Planos acotados.

2. Obra civil.

    2.1. Cimentaciones.

    2.2. Casetas.

3. Interpretacion de distancias de seguridad en plano.

    3.1. Generalidades.

    3.2. Instalaciones de envases móviles de
        G.L.P. UD 110 y UD 125.

    3.3. Instalaciones de envases móviles de
        G.L.P. UD 110 e I 350 en batería.

    3.4. Depósitos fijos de G.L.P.

4. Representacion de instalaciones.

    4.1. Simbología.

    4.2. Esquemas.

    4.3. Planos de planta.

    4.4. Utilización de la perspectiva isométrica.

5. Planos de detalle.

6. Levantamiento de planos.

    6.1. Trazado de la perpendicular a una pared.

    6.2. Trazado de una perpendicular desde una pared.

    6.3. Trazado de una paralela a una pared.

    6.4. Medición de locales mediante coordenadas.

    6.5. Medición de locales por triangulación.

    6.6. Medición de ángulos.

Resumen.

Anexo 1: Planos de la instalación de G.L.P. con un depósito fijo en terraza, para el servicio de un edificio destinado a Restaurante y con tres plantas para oficinas.

Glosario.

Cuestionario de autoevaluación.

INTRODUCCIÓN

Se habrá de tratar en esta unidad didáctica aquellos conocimientos sobre representación gráfica específicos de las instalaciones de gas, revisando los conceptos ya tratados bajo este prisma.

Se completa la unidad con unas nociones básicas, necesarias para la práctica profesional, sobre levantamiento de planos, en las que se indican las operaciones fundamentales y la manera de realizar las mediciones. Ello permitirá al instalador de gas poder dibujar planos sencillos en donde ubicar casetas y fundaciones.

OBJETIVOS

- Revisar conceptos básicos en las técnicas de representación gráfica (escalas numéricas y gráficas, planos acotados...).

- Analizar los planos de obra civil empleados en la técnica del gas (cimentaciones, casetas...).

- Saber interpretar las distancias de seguridad en los planos.

- Ser capaz de interpretar correctamente la simbología, esquemas, planos de planta y las representaciones en perspectiva isométrica.

- Conocer los criterios básicos para el levantamiento de planos sencillos, como el trazado de perpendiculares y paralelas a una pared y saber medir y transportar un ángulo.

- Poder realizar mediciones de locales sencillos por triangulación y mediante el uso de coordenadas.

1. LOCALES Y TERRENOS

1.1. Escalas numéricas

Corresponden a la proporción entre las medidas que aparecen en el plano y las reales. Si empleamos una escala 1/25 cada mm del plano equivaldrá a 25 mm en la realidad. Las escalas normalizadas son, para locales, 1/25, 1/50 y 1/100. En cuanto a los terrenos, depende de su tamaño, utilizándose escalas de 1/100, 1/250, 1/500 y 1/1000.

1.2. Escalas gráficas

Acompañan a los planos cuando es previsible la modificación de la escala de éstos. Se imprimen junto con ellos, de modo que cualquier ampliación o reducción queda reflejada en la correspondiente a la escala gráfica.

Figura 1. Escala gráfica

1.3. Planos acotados

Las cotas pueden ser enlazadas como se ve en la figura 2, o con un origen común (cotas acumuladas), como se ve en la figura 3. El sistema de cotas acumuladas es más práctico para el replanteo ya que evita la posible acumulación de errores.

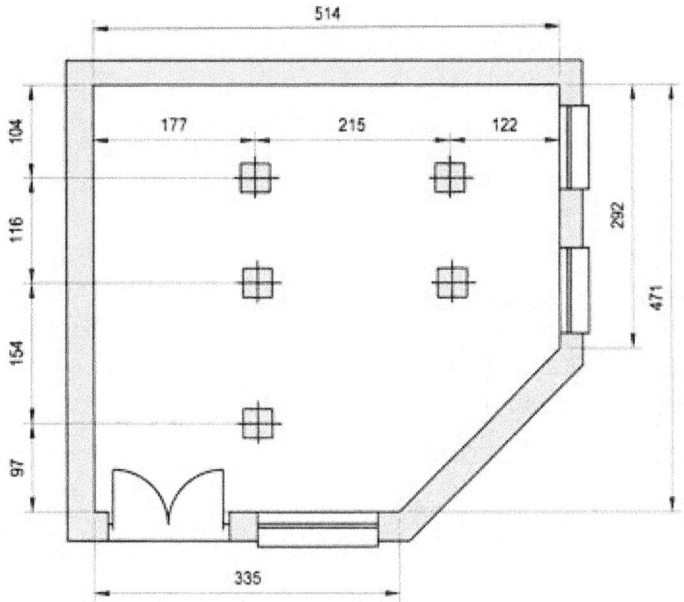

Figura 2. Plano acotado con cotas enlazadas

111

Los pilares centrales deberán estar acotados entre ejes, ya que en caso contrario nos exponemos a que posteriores recubrimientos decorativos o funcionales nos falseen las medidas.

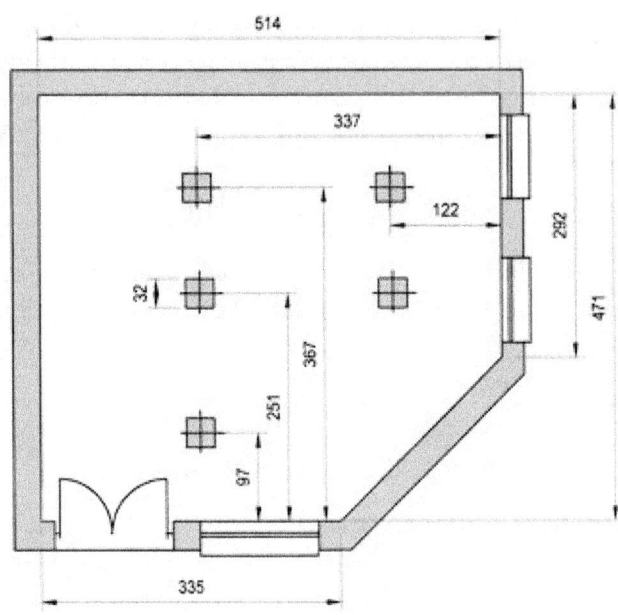

Figura 3. Plano acotado con cotas acumuladas o de origen común

2. OBRA CIVIL

2.1. Cimentaciones

Se representa la cimentación de hormigón armado para un depósito normalizado de 4.000 litros destinado al almacenamiento de G.L.P.

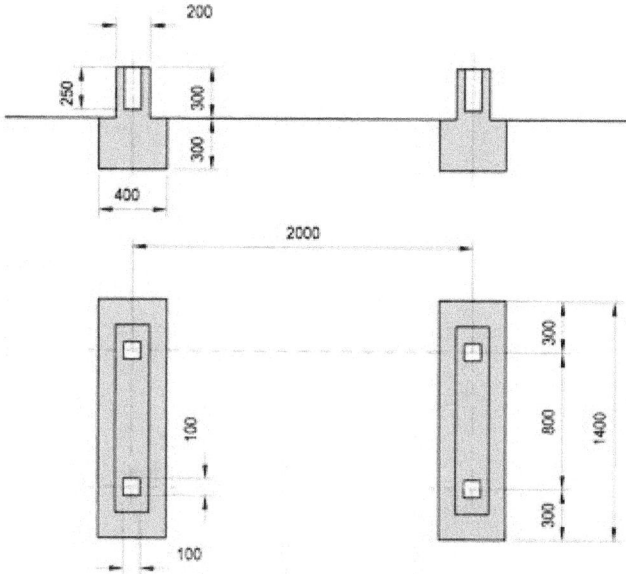

Figura 4. Cimentación

En las siguientes figura se detallan el varillaje (figura 5) y el sistema de anclado del depósito (figura 6).

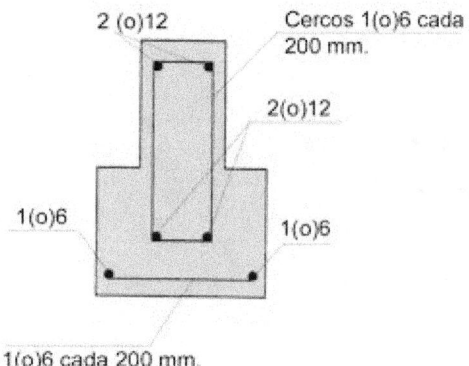

Figura 5. Detalle del varillaje de la cimentación de un depósito de G.L.P. de 4.000 litros

113

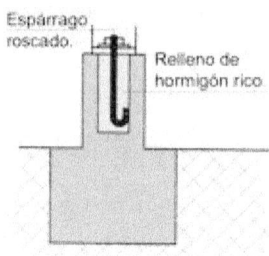

Figura 6. Detalle del anclado

2.2. Casetas

En la técnica del gas se emplean casetas para:

- Alojamiento de envases móviles de G.L.P. en batería.

- Ubicación de contadores en el exterior.

- Equipos de trasvase y vaporizadores en instalaciones industriales de G.L.P.

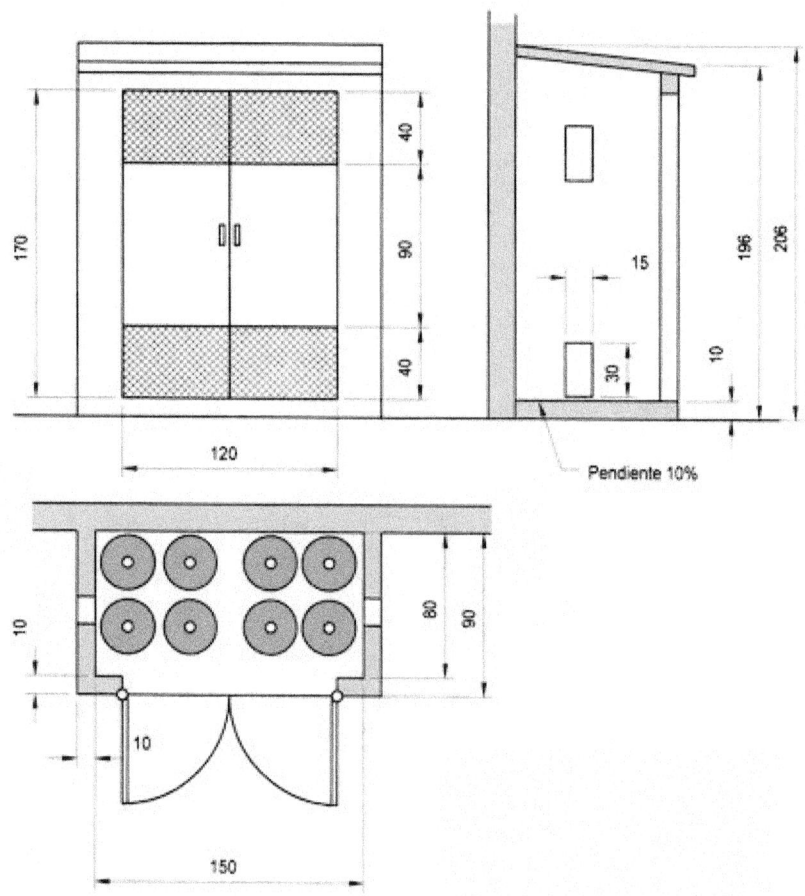

Figura 7. Caseta para alojamiento de 4+4 envases de G.L.P. I-350

114

- Estaciones de regulación y medida.

Se acompaña el plano correspondiente a una caseta para alojar una batería de 4+4 envases móviles I-350, de gas propano.

Las medidas de las casetas no están sujetas a reglamentación alguna, siempre que su ventilación fija exceda el 20% de la superficie del suelo. Su forma y dimensiones dependen de las circunstancias y el instalador, a la vista de éstas, las decidirá, siempre teniendo en cuenta la facilidad en el recambio de los envases agotados. No deben ser de un tamaño excesivo a fin de evitar que se coloquen en ellos materiales ajenos a la instalación. Para su cerramiento se empleará un candado, nunca una cerradura. Recordamos que el diámetro de un envase I 350 es de 30 centímetros.

3. INTERPRETACIÓN DE DISTANCIAS DE SEGURIDAD EN PLANO

3.1. Generalidades

El instalador, antes de comenzar un montaje debe verificar sobre el plano que las distancias de seguridad reglamentarias se cumplen. Las mediciones de éstas se deben realizar teniendo en cuenta el recorrido más corto que seguiría el gas en caso de fuga desde los envases a los puntos de riesgo. La existencia de pantallas verticales u horizontales se ha de tener en cuenta, así como la existencia de rejillas de ventilación o cualquier otro orificio.

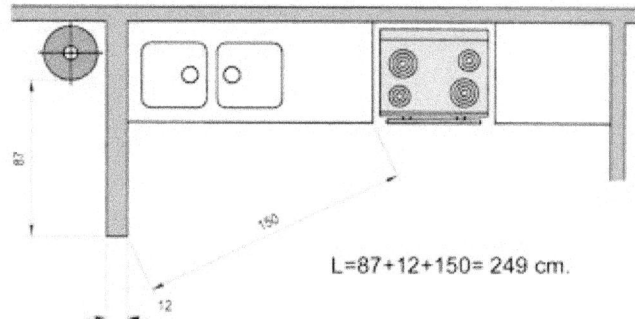

L=87+12+150= 249 cm.

Figura 8. Verificación de la distancia entre dos puntos

3.2. Instalaciones de envases móviles de G.L.P. UD 110 y UD 125

Las distancias de seguridad desde los envases UD 125 (gas butano) y UD 110 (gas propano) han de ser, como mínimo:

- A enchufes eléctricos: 0,50 metros.

- A interruptores y conductores eléctricos: 0,30 metros.

- A hornillos y radiadores de calefacción, si no hay mampara intermedia: 0,30 metros.

- A hornillos y radiadores de calefacción, si hay una mampara intermedia que proteja de la radiación: 0,10 metros.

- A calderas de calefacción y similares, si no hay mampara intermedia: 1,50 metros.

- A calderas de calefacción y similares, si hay una mampara intermedia que proteja de la radiación: 0,50 metros.

Estas distancias se entienden para un máximo de dos botellas en descarga simultánea. Si hubiera más (caso de emplear envases de gas propano UD 110) nos regiríamos por las distancias reglamentarias en instalaciones con envases de más de 35 Kgs.

3.3. Instalaciones de envases móviles de G.L.P. UD 110 e I 350 en batería

Las distancias de seguridad mínimas (que se habrán de verificar sobre los planos) se reseñan en la tabla siguiente.

	Interior(*)	Exterior	Exterior	Exterior
Número máximo de botellas I 350	1+1	1+1	5+5	14+14
Grupo	1°	1°	2°	3°
Hogares de cualquier tipo	3,00 m.	3,00 m.	5,00 m.	6,00 m.
Interruptores y enchufes eléctricos	1,00 m.	1,00 m.	2,00 m.	3,00 m.
Conductores eléctricos	0,50 m.	0,50 m.	0,50 m.	0,50 m.
Motores eléctricos y de explosión	3,00 m.	3,00 m.	5,00 m.	6,00 m.
Registros de alcantarillas y desagües	3,00 m.	1,00 m.	2,00 m.	3,00 m.
Aberturas a sótanos	3,00 m.	1,00 m.	4,00 m.	5,00 m.

(*) Solo si $V > 1.000 \text{ m}^3$ y $S > 150 \text{ m}^2$

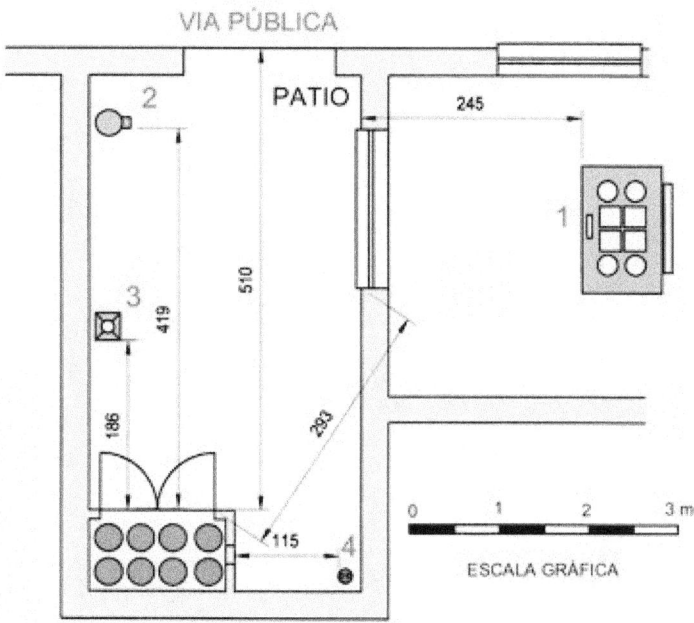

Figura 9. Verificación de las distancias de seguridad en una instalación del grupo 2°

117

1. Cocina: Distancia total 2,93+2,45 m = 5,38 m. CUMPLE.

2. Bomba con motor eléctrico. NO CUMPLE.

3. Desagüe. NO CUMPLE

4. Toma de corriente. NO CUMPLE

5. Distancia a vía pública. CUMPLE.

Si no se desea cambiar la ubicación de la caseta se deberán desplazar la bomba con motor eléctrico, el desagüe y la toma de corriente, de modo que queden a una distancia respectiva de, al menos, 5,00 metros, 2,00 metros y 2,00 metros de aquella.

3.4. Depósitos fijos de G.L.P.

Este tipo de instalaciones no pueden ser realizadas, por imperativo legal, más que por instaladores IG-4 y empresas EG-4, por lo que exceden los límites de este texto. A efectos de interpretación de planos se incluye como Anexo 1 los correspondientes a la instalación de gas propano con un depósito fijo en la terraza de un edificio destinado a restaurante y tres plantas de oficinas.

4. REPRESENTACIÓN DE INSTALACIONES

4.1. Simbología

La simbología a utilizar es la incluida en el Anexo 1 de la unidad didáctica 5, al cual nos remitimos.

4.2. Esquemas

Los esquemas representan las características técnicas de una canalización de gas y su parque de almacenamiento, aunque en ellos no se refleja (excepto en el caso de instalaciones muy sencillas) el recorrido de la instalación ni sus dimensiones.

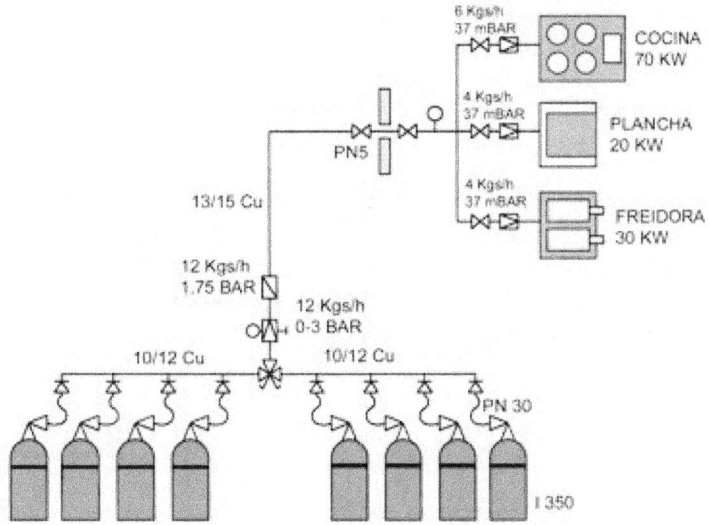

Figura 10. Esquema con simbología normalizada

Dejamos al alumno como ejercicio la completa interpretación del esquema de instalación de un restaurante con batería para 4+4 envases móviles, a partir de la simbología que hemos indicado. Este ejercicio está incluido también en el test de autoevaluación.

4.3. Planos de planta

En ellos se indica el recorrido de las conducciones desde el parque de almacenamiento o acometida hasta los receptores. Siempre se deberán completar con esquemas ya que este tipo de representación hace difícil reflejar las características técnicas de la instalación. En ellos deben figurar las características de las entradas de aire para la ventilación y la evacuación de los gases quemados.

119

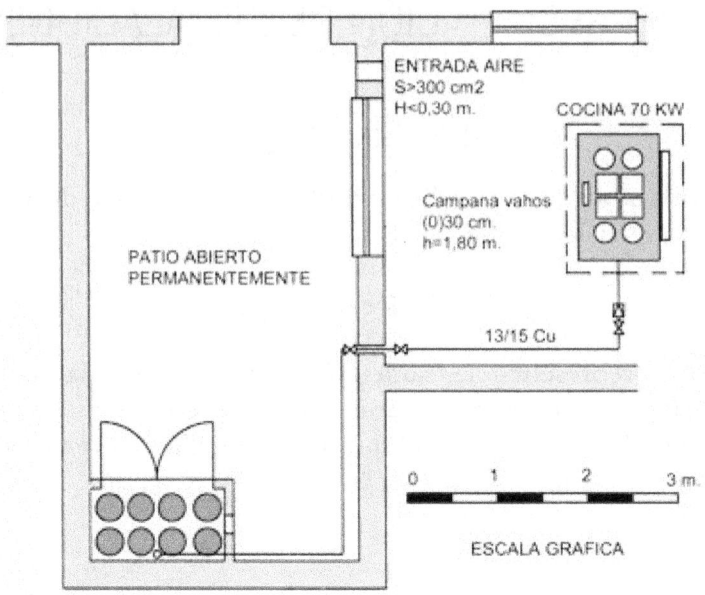

Figura 11. Plano de planta con detalle de la canalización de gas

4.4. Utilización de la perspectiva isométrica

La perspectiva isométrica refleja sobre el plano las tres dimensiones espaciales, utilizando ejes que forman entre sí 120°, tal como vemos en el "prisma isométrico" que se adjunta.

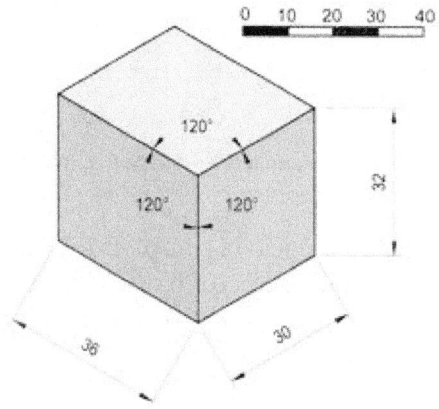

Figura 12. Prisma isométrico

La denominada por los instaladores simplemente "isométrica" es la manera más sencilla e intuitiva de representar una canalización. Visualmente distorsiona algo la figura representada con respecto a otros tipos de perspectiva (caballera, cónica…) pero tiene la gran ventaja de no tener reducción de proporción en ninguno de los ejes, lo cual facilita su ejecución y da la posibilidad de realizar medidas sobre ella.

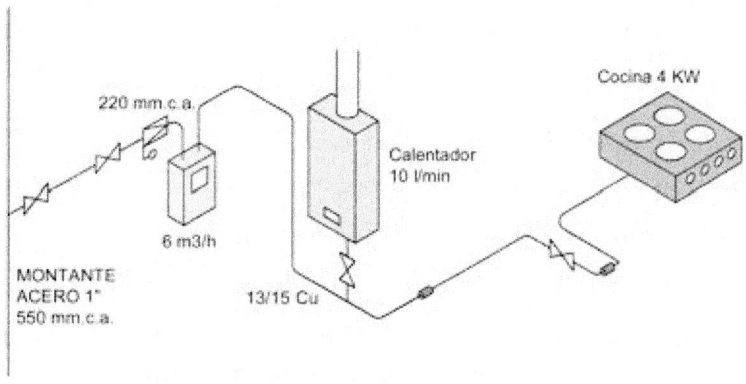

Figura 13. Perspectiva isométrica de una instalación de gas

5. PLANOS DE DETALLE

Los planos de detalle reflejan características muy concretas de las instalaciones o aparatos a gas que no pueden ser incluidas en los esquemas y planos de planta, como por ejemplo:

- Detalles del conexionado de receptores a la red distribuidora.

- Detalles de los sistemas de ventilación y evacuación de gases quemados.

- Esquemas eléctricos de los equipos auxiliares de detección y control.

- Detalles constructivos de las rampas de alimentación a quemadores.

- Plantillas para colocación de receptores sobre paramentos verticales.

Acompañamos un plano de detalle correspondiente a una rampa de alimentación a un quemador de baja presión, con control de estanqueidad de barboteo. Las electroválvulas principales son del tipo NC, esto es, cerradas en ausencia de tensión, y están accionadas por un termostato de control en serie con el presostato de mínima, que actúa a falta de gas. La electroválvula de venteo es del tipo NA, esto es, abierta en ausencia de tensión y abre cuando las principales cierran. Caso de que haya una fuga en la primera de las electroválvulas principales pasará gas al depósito de glicerina, en donde barboteará detectando este fallo de seguridad.

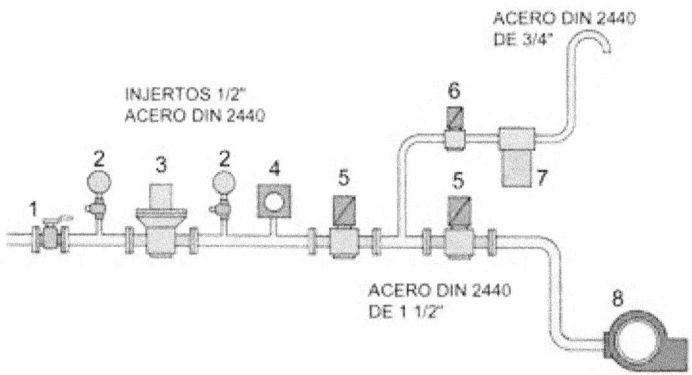

Figura 14. Plano de detalle

RAMPA DE ALIMENTACIÓN A QUEMADOR EN BAJA PRESIÓN CON CONTROL DE ESTANQUEIDAD POR BARBOTEO

1	Llave de paso embridada DN40 y PN 25 de 1/4 vuelta.
2	Ventómetro con válvula pulsadora roscada de 1/2"
3	Manorreductor embridado DN40 con filtro, presión ajustable entre 100 y 400 mm.c.a., toma de impulsos interna. Caudal 40 Nm^3/h
4	Presostato mínima roscado 1/2"
5	Válvula solenoide embridada DN40, con regulador de caudal tipo NC. Apertura y cierre rápidos.
6	Electroválvula de venteo roscada 3/4" tipo NA. Apertura y cierre rápidos.
7	Detector fugas glicerina, roscado 3/4".
8	Quemador

6. LEVANTAMIENTO DE PLANOS

6.1. Trazado de la perpendicular a una pared

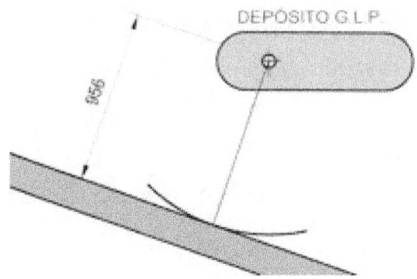

Figura 15. Trazado de perpendiculares en la medición para planos

Para averiguar la distancia exacta entre un punto dado y un cerramiento o una pared (por ejemplo para verificar distancias de seguridad en un depósito de gas) basta trazar la perpendicular desde éste a la pared de referencia. Para ello el método más sencillo es coger una cinta métrica flexible (o un cordel si no disponemos de ella) y trazar arcos de un radio cada vez mayor hasta que, con la cinta o cordel bien tenso, se produzca la tangencia con la pared. El punto de tangencia, unido con el origen, nos da la perpendicular a esa pared.

6.2. Trazado de una perpendicular desde una pared

Si disponemos de una escuadra grande apoyaremos un regle sobre la pared y a continuación trazaremos la perpendicular. Pero si no disponemos de una escuadra grande, que es lo más habitual, utilizaremos el teorema de Pitágoras para poder trazar con facilidad. Considerando que, en un triángulo rectángulo se cumple siempre que:

$$A^2 = B^2 + C^2$$

Siendo A la hipotenusa del triángulo, y B y C los catetos, cualquier valor de estos tres que cumpla la igualdad anterior indica que estamos ante un triángulo rectángulo. Como los valores más sencillos de memorizar son:

$$A = 5$$

$$B = 3$$

$$C = 4$$

Estos (o sus múltiplos o submúltiplos) son los más empleados en la práctica. Es suficiente una cinta métrica flexible para poder trazar la perpendicular, procediendo como se indica en la figura adjunta.

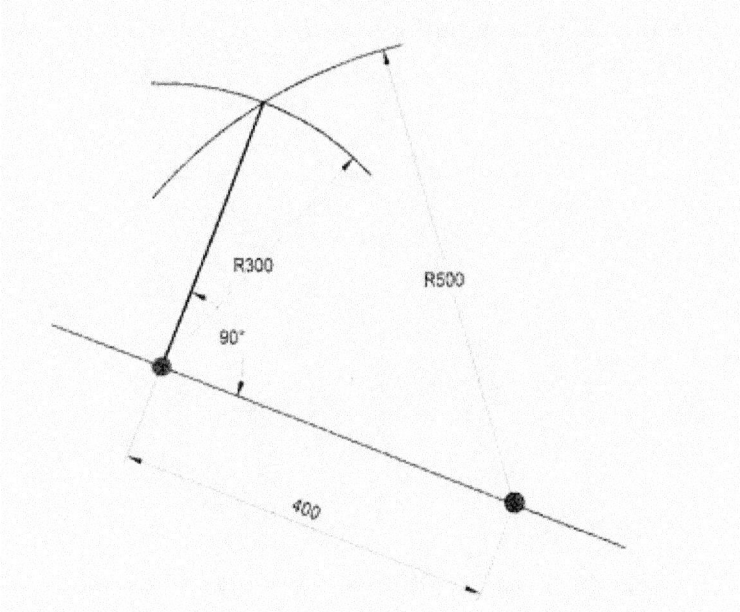

Figura 16. Levantamiento de planos: Trazado de una perpendicular desde un punto

6.3. Trazado de una paralela a una pared

Es suficiente trazar dos perpendiculares y unirlas a la distancia requerida de la pared, tal como se indica en la figura.

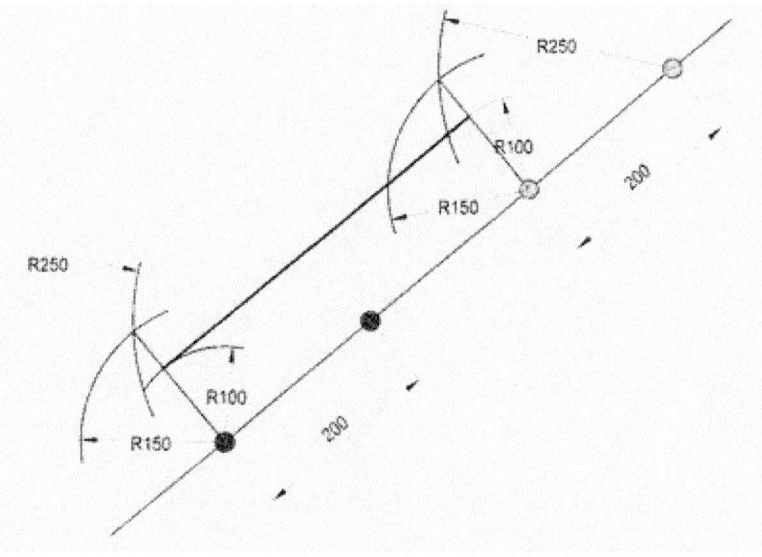

Figura 17. Levantamiento de planos: Trazado de una perpendicular desde una pared

6.4. Medición de locales mediante coordenadas

Este método es recomendable solamente en el caso de que los ejes de los pilares estén bien alineados. Debe trazarse un eje paralelo a estos de modo que se pueda determinar los puntos de tangencia sobre este desde los puntos singulares.

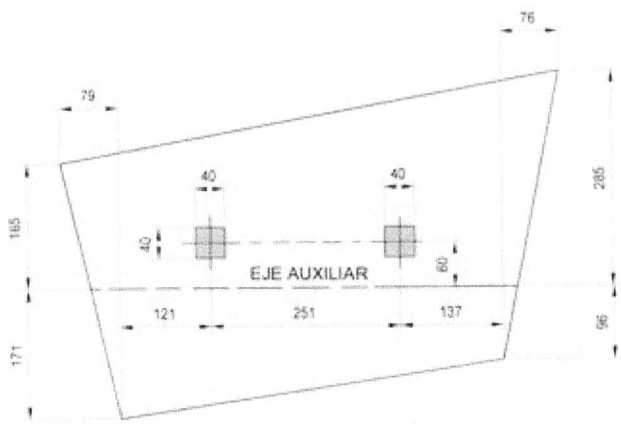

Figura 18. Levantamiento de planos: método de las coordenadas

6.5. Medición de locales por triangulación

Es el método más sencillo y utilizado. Es suficiente descomponer el local en triángulos midiendo además todas las diagonales complementarias posibles, a fin de verificar la exactitud de las medidas.

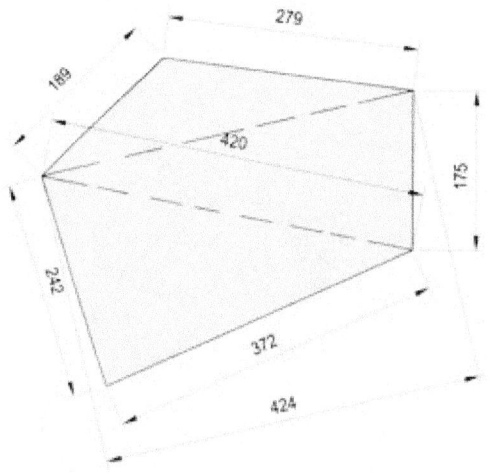

Figura 19. Levantamiento de planos: Triangulación

6.6. Medición de ángulos

En la figura se indica la manera de proceder. Una vez medido el ángulo se puede replantear el triángulo isósceles en un plano y medir con un goniómetro, aunque el resultado no nos asegura gran exactitud, por lo que es mejor acotar el ángulo tal como lo hemos medido.

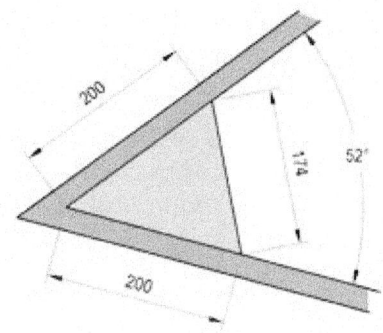

Figura 20. Levantamiento de planos: medición y acotación de ángulos

RESUMEN

Los fundamentos de la representación gráfica de las instalaciones de gas se incluyen en el módulo profesional "Técnicas de mecanizado y unión" al cual nos remitimos para un mayor abundamiento. Los locales y terrenos se representan mediante escalas numéricas, escalas gráficas y sistemas acotados.

Las escalas numéricas representan la proporción entre las dimensiones en estos y las reales, siendo las más empleadas 1/10, 1/25, 1/50 y 1/100 para locales y 1/250 y 1/500 para terrenos. Las escalas gráficas son segmentos en los que se representan a escala longitudes transportables. Son menos exactas que las numéricas pero muy utilizadas siempre que se han de manipular planos realizando ampliaciones o reducciones de estos, escala gráfica incluida.

Los planos acotados son muy útiles en obra. Las cotas pueden ser enlazadas o acumuladas, desde un origen. Estas últimas tienen la ventaja de no acumular errores de medición en los replanteos.

Los planos de obra civil empleados en la técnica del gas corresponden, además de los locales y terrenos, a las bancadas, cimentaciones y casetas para contadores y envases móviles de G.L.P. Las distancias de seguridad se medirán teniendo en cuenta el recorrido del gas en caso de fuga, así como la existencia de pantallas y orificios de ventilación.

Los esquemas reflejan las características técnicas de las instalaciones, con la simbología adecuada. Los planos de canalización nos indican su recorrido y las perspectivas isométricas dan una idea tridimensional del recorrido de las conducciones.

El conocimiento básico de las técnicas de medición es imprescindible para poder generar planos, incluyendo las técnicas para trazado de perpendiculares y paralelas, la medición de ángulos y los sistemas de coordenadas y triangulación.

ANEXO 1

Proyecto de una instalacion de G.L.P. con depósito fijo en la terraza de un edificio destinado a restaurante (planta baja y entresuelo) y tres plantas para oficinas

La cocina principal del restaurante está en la planta baja, disponiendo de un servicio de office en el entresuelo. Las 3 plantas destinadas a oficina están provistas de calderas de calefacción independientes. Todo ello se sirve desde un depósito fijo para G.L.P. de 4 m³ de volumen instalado en la terraza del edificio, propiedad de la empresa suministradora, utilizándose contadores para cada uno de los 4 abonados.

PLANO N°	CONCEPTO
1	Depósito G.L.P. y valvulería.
2	Ubicación depósito en terraza. Distancias de seguridad.
3	Cimentación y cerramientos.
4	Caseta contadores
5	Esquema instalación colectiva
6	Esquemas instalaciones receptoras
7	Plano de canalización instalación colectiva
8	Planta baja: ubicación receptores y ventilación.
9	Planta baja: detalle canalización.
10	Entresuelo: ubicación receptores y ventilación.
11	Entresuelo: detalle canalización.
12	Plantas 1ª,2ª y 3ª: ubicación receptores y ventilación.
13	Plantas 1ª,2ª y 3ª: detalle canalización.

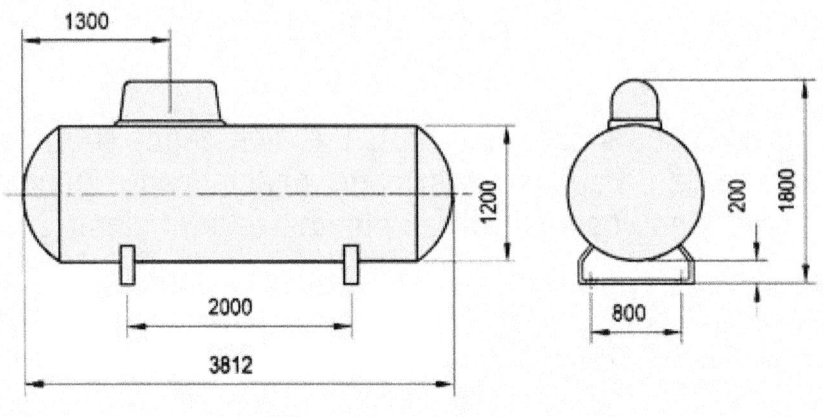

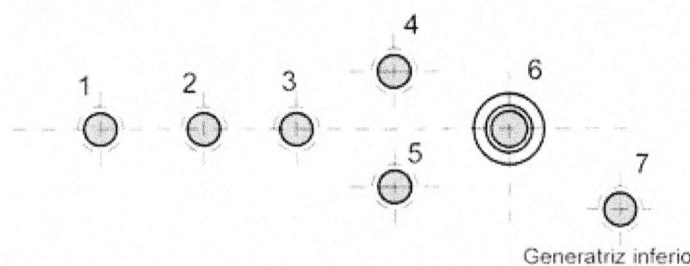

Depósito G.L.P.

1. Válvula de llenado 1 1/4"NPT	5. Fase líquida tubo buzo 3/4" NPT
2. Válvula de seguridad 1 1/4" NPT	6. Nivel magnético JUNIOR 1.200
3. Multiválvula 3/4" NPT	7. Drenaje 3/4" NPT
4. Fase líquida tubo buzo 3/4" NPT	

INSTALACION DE G.L.P. CON UN DEPÓSITO FIJO DE 4.000 LITROS PARA SERVICIO DE UN EDIFICIO DESTINADO A RESTAURANTE Y OFICINAS, SITUADO EN TERRAZA.		
DIMENSIONES DEL DEPÓSITO. VALVULERIA.		
Plano n°	EL TITULAR	EL TÉCNICO
Escala:		
Fecha: 4/06		
Revisado		

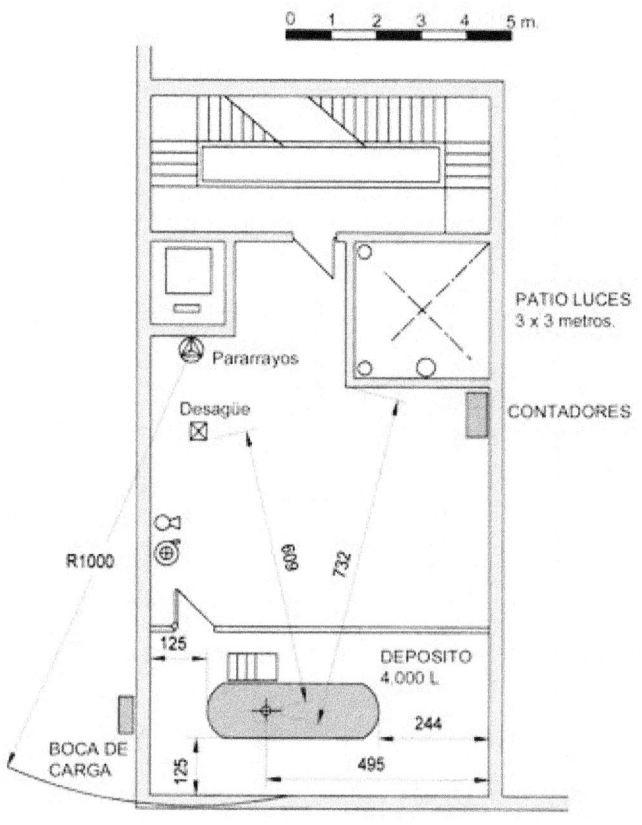

0 1 2 3 4 5 m.

PATIO LUCES
3 x 3 metros.

Pararrayos

Desagüe

CONTADORES

R1000

609

732

125

DEPOSITO
4.000 L

244

BOCA DE
CARGA

125

495

Ubicación del depósito en terraza

INSTALACION DE G.L.P. CON UN DEPÓSITO FIJO DE 4.000 LITROS PARA SERVICIO DE UN EDIFICIO DESTINADO A RESTAURANTE Y OFICINAS, SITUADO EN TERRAZA.		
PLANO DE UBICACIÓN DEPÓSITO EN TERRAZA. DISTANCIAS DE SEGURIDAD.		
Plano n° 2	EL TITULAR	EL TÉCNICO
Escala: Gráfica.		
Fecha: 4/06		
Revisado		

131

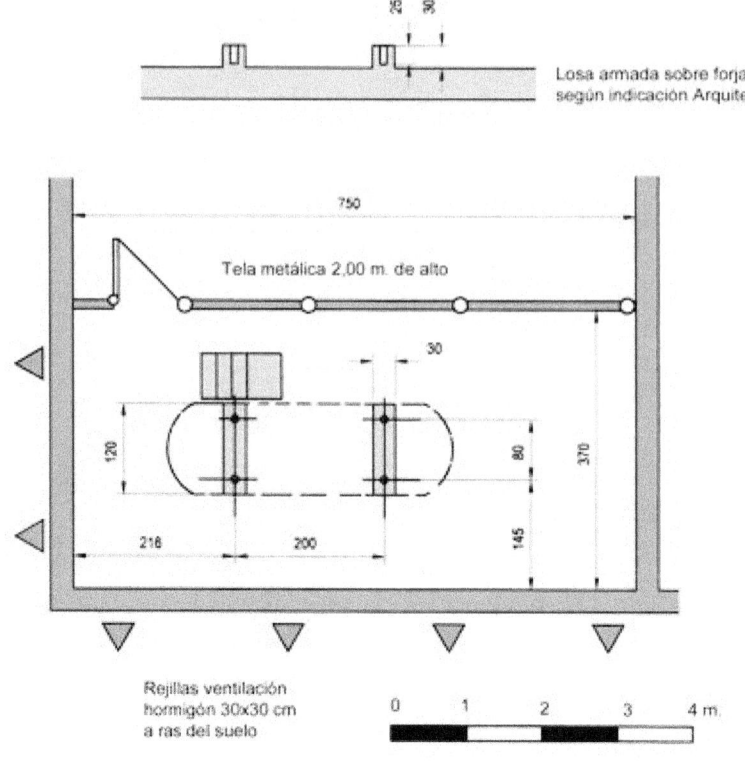

Losa armada sobre forjado
según indicación Arquitecto.

Tela metálica 2,00 m. de alto

Rejillas ventilación
hormigón 30x30 cm
a ras del suelo

0   1   2   3   4 m.

Cimentación y cerramientos

INSTALACION DE G.L.P. CON UN DEPÓSITO FIJO DE 4.000 LITROS PARA SERVICIO DE UN EDIFICIO DESTINADO A RESTAURANTE Y OFICINAS, SITUADO EN TERRAZA.		
PLANO DE : CIMENTACION Y CERRAMIENTOS.		
Plano n° 3	EL TITULAR	EL TÉCNICO
Escala: Gráfica.		
Fecha: 4/06		
Revisado		

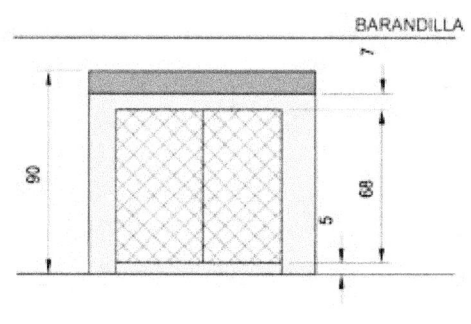

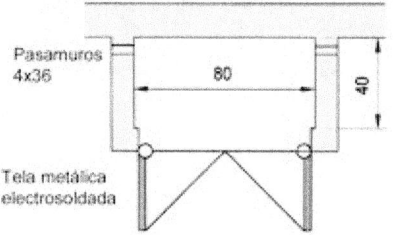

Caseta de contadores

INSTALACION DE G.L.P. CON UN DEPÓSITO FIJO DE 4.000 LITROS PARA SERVICIO DE UN EDIFICIO DESTINADO A RESTAURANTE Y OFICINAS, SITUADO EN TERRAZA.		
PLANO DE : CASETA DE CONTADORES.		
Plano n° 4	EL TITULAR	EL TÉCNICO
Escala: Gráfica		
Fecha: 4/06		
Revisado		

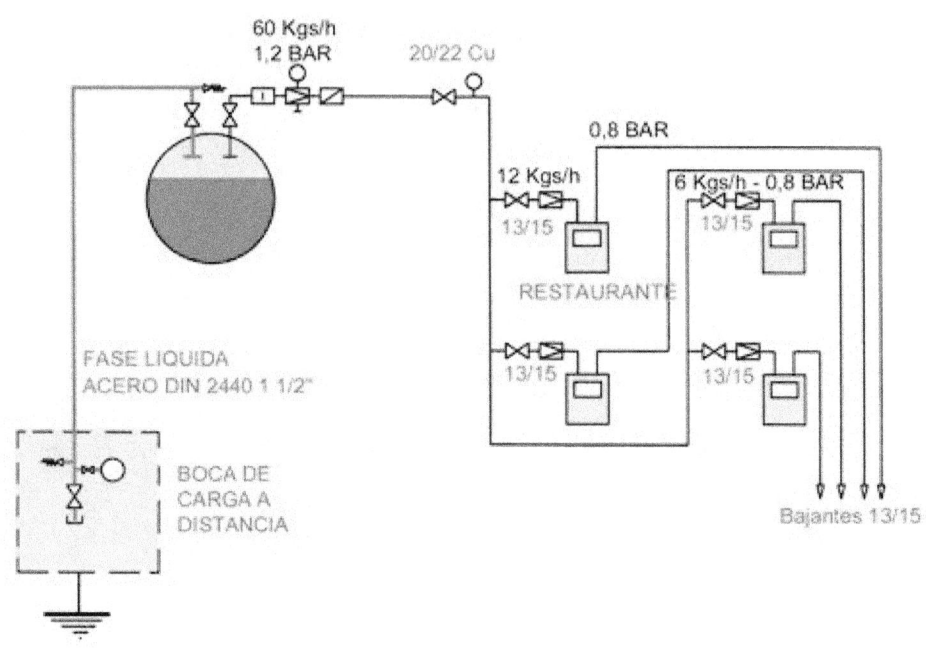

Instalación colectiva

INSTALACION DE G.L.P. CON UN DEPÓSITO FIJO DE 4.000 LITROS PARA SERVICIO DE UN EDIFICIO DESTINADO A RESTAURANTE Y OFICINAS, SITUADO EN TERRAZA.		
ESQUEMA DE LA INSTALACION COLECTIVA.		
Plano n° 5	EL TITULAR	EL TÉCNICO
Escala:		
Fecha: 4/06		
Revisado		

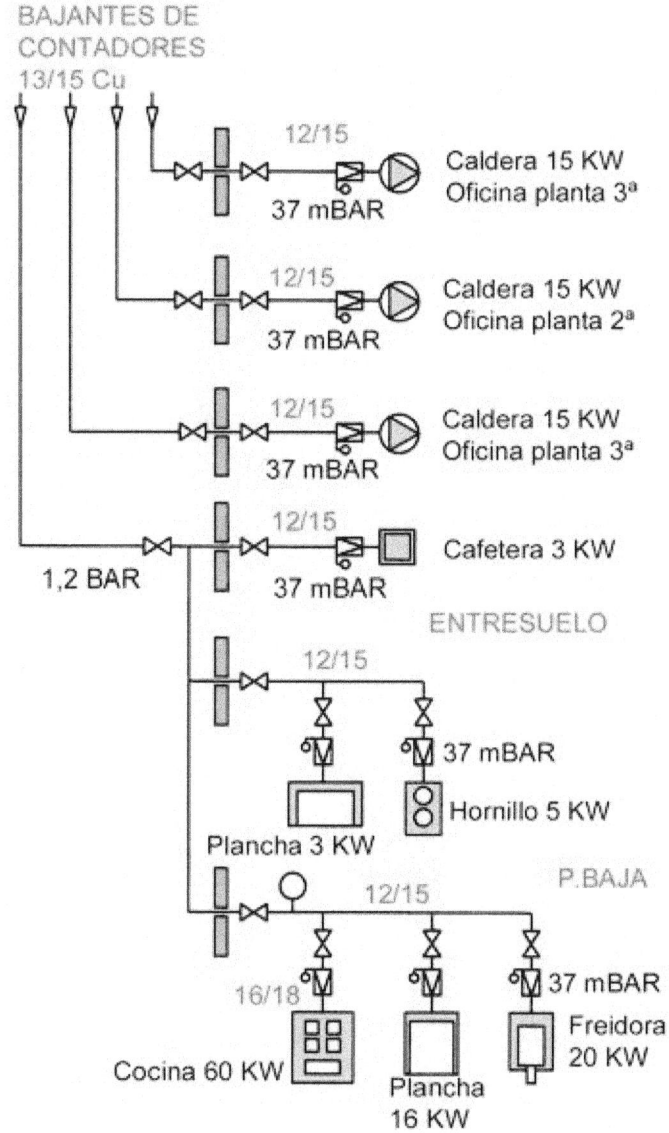

BAJANTES DE
CONTADORES
13/15 Cu

12/15
37 mBAR
Caldera 15 KW
Oficina planta 3ª

12/15
37 mBAR
Caldera 15 KW
Oficina planta 2ª

12/15
37 mBAR
Caldera 15 KW
Oficina planta 3ª

12/15
37 mBAR
Cafetera 3 KW

1,2 BAR

ENTRESUELO

12/15
37 mBAR
Plancha 3 KW
Hornillo 5 KW

P.BAJA
12/15
16/18
37 mBAR
Cocina 60 KW
Plancha 16 KW
Freidora 20 KW

Instalaciones receptoras individuales

INSTALACION DE G.L.P. CON UN DEPÓSITO FIJO DE 4.000 LITROS PARA SERVICIO DE UN EDIFICIO DESTINADO A RESTAURANTE Y OFICINAS, SITUADO EN TERRAZA.		
ESQUEMAS DE LAS INSTALACIONES RECEPTORAS INDIVIDUALES. Presión de servicio 370 mm.c.a.		
Plano n° 6	EL TITULAR	EL TÉCNICO
Escala:		
Fecha:		
Revisado		

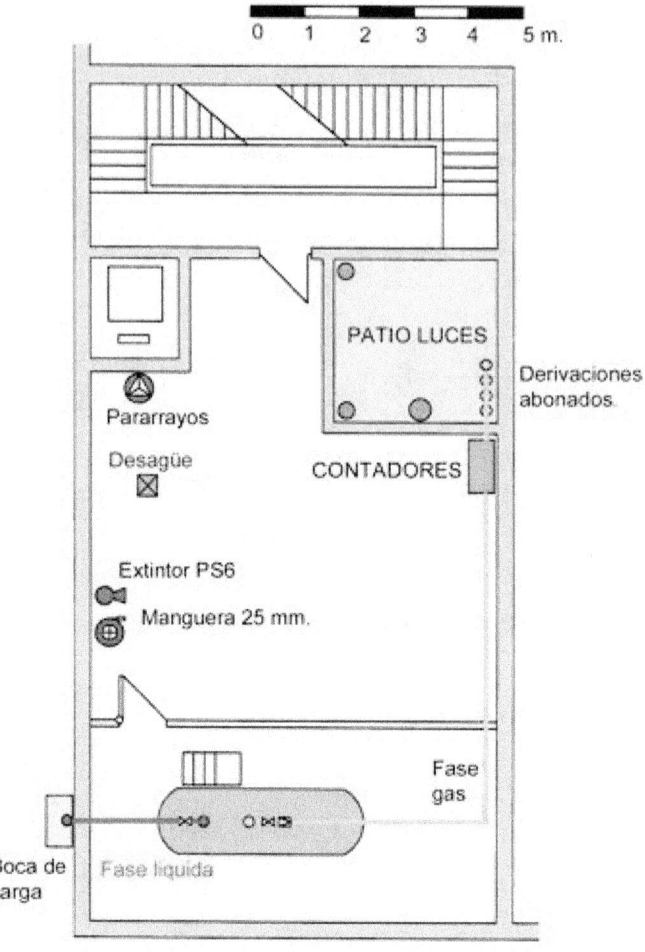

0 1 2 3 4 5 m.

PATIO LUCES

Derivaciones
abonados

Pararrayos

Desagüe

CONTADORES

Extintor PS6

Manguera 25 mm.

Fase
gas

Boca de
carga

Fase líquida

Canalización instalación colectiva

INSTALACION DE G.L.P. CON UN DEPÓSITO FIJO DE 4.000 LITROS PARA SERVICIO DE UN EDIFICIO DESTINADO A RESTAURANTE Y OFICINAS, SITUADO EN TERRAZA.		
PLANO DE CANALIZACION INSTALACION COLECTIVA.		
Plano n° 7	EL TITULAR	EL TÉCNICO
Escala: Gráfica.		
Fecha: 4/06		
Revisado		

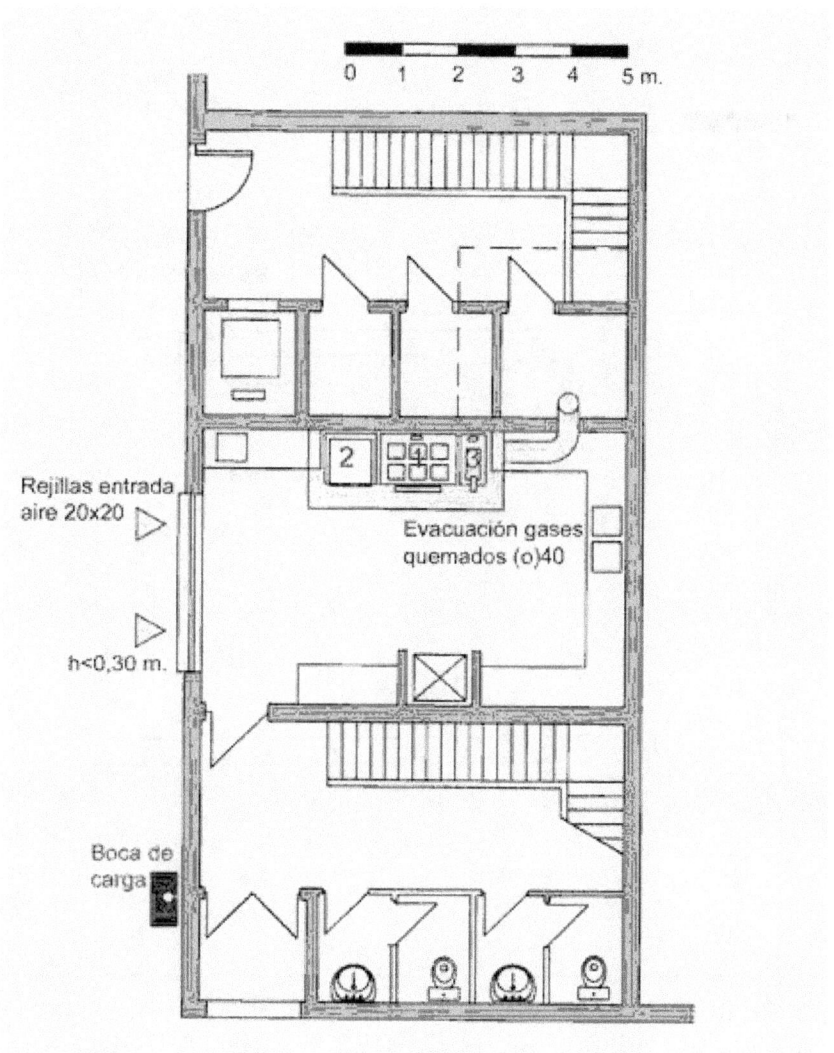

Ventilación planta baja

INSTALACION DE G.L.P. CON UN DEPÓSITO FIJO DE 4.000 LITROS PARA SERVICIO DE UN EDIFICIO DESTINADO A RESTAURANTE Y OFICINAS, SITUADO EN TERRAZA.		
PLANO DE PLANTA BAJA: UBICACIÓN RECEPTORES Y VENTILACIÓN.		
Plano n° 8	EL TITULAR	EL TÉCNICO
Escala: Gráfica		
Fecha: 4/06		
Revisado		

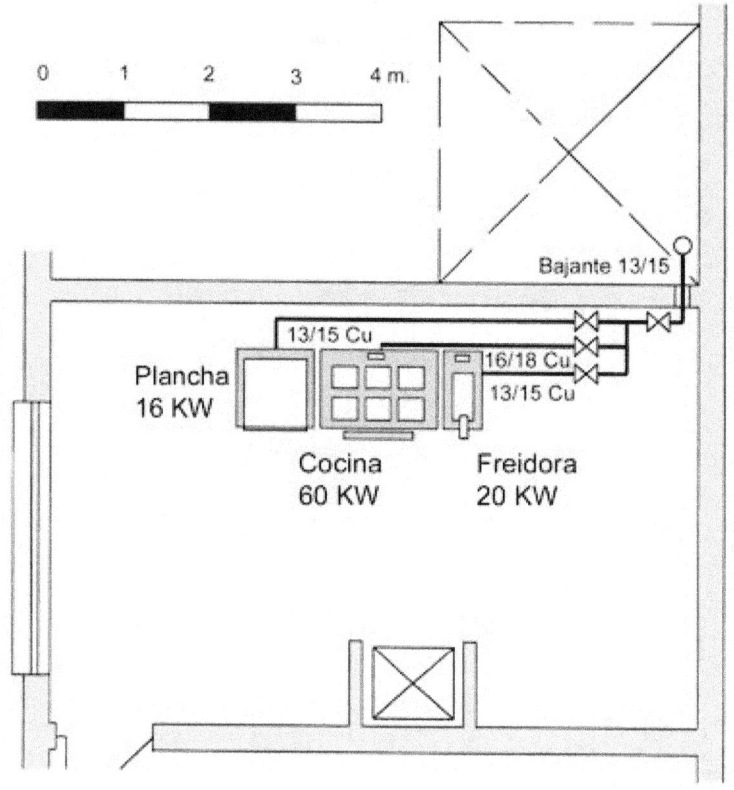

0   1   2   3   4 m.

Bajante 13/15

13/15 Cu

Plancha
16 KW

16/18 Cu

13/15 Cu

Cocina
60 KW

Freidora
20 KW

Canalización planta baja

INSTALACION DE G.L.P. CON UN DEPÓSITO FIJO DE 4.000 LITROS PARA SERVICIO DE UN EDIFICIO DESTINADO A RESTAURANTE Y OFICINAS, SITUADO EN TERRAZA.		
PLANO DE PLANTA BAJA: DETALLE CANALIZACIÓN.		
Plano n° 9	EL TITULAR	EL TÉCNICO
Escala: Gráfica		
Fecha: 4/06		
Revisado		

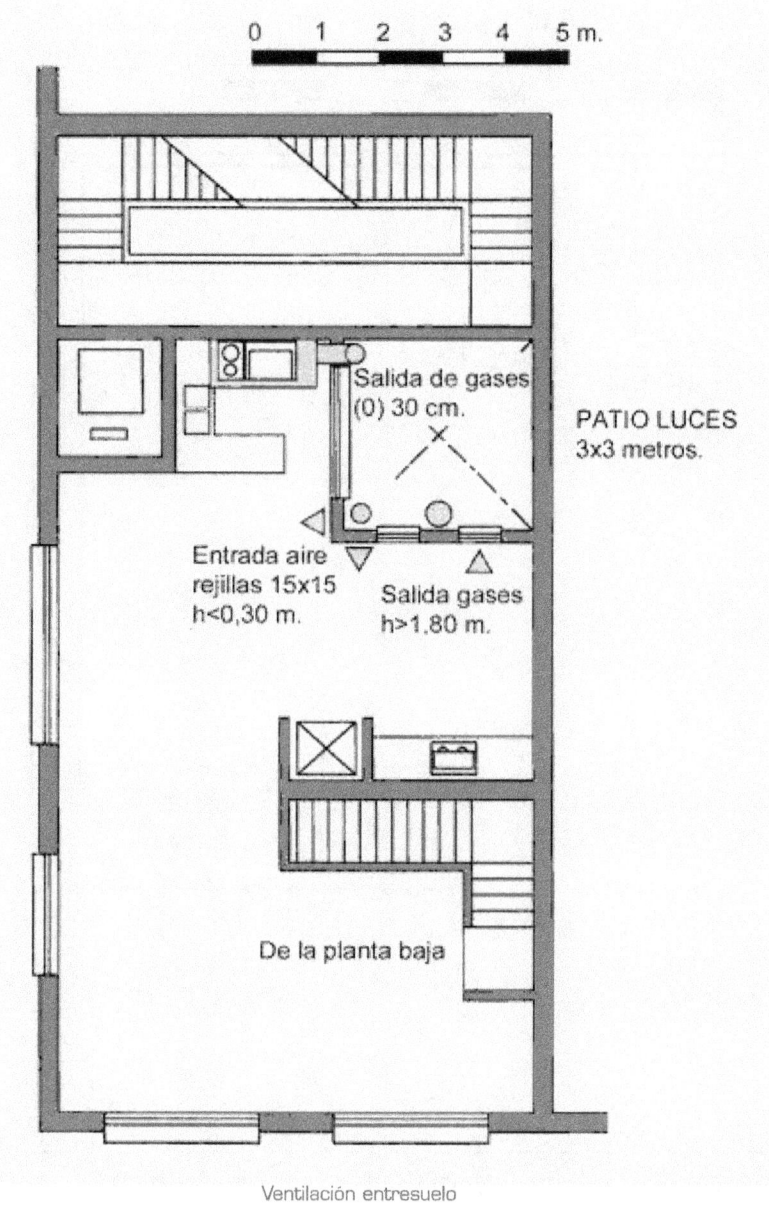

Ventilación entresuelo

INSTALACION DE G.L.P. CON UN DEPÓSITO FIJO DE 4.000 LITROS PARA UN EDIFICIO DESTINADO A RESTAURANTE Y OFICINAS.		
ENTRESUELO: RECEPTORES Y VENTILACIÓN.		
Plano n° 10	EL TITULAR	EL TÉCNICO
Escala: Gráfica		
Fecha: 4/06		
Revisado		

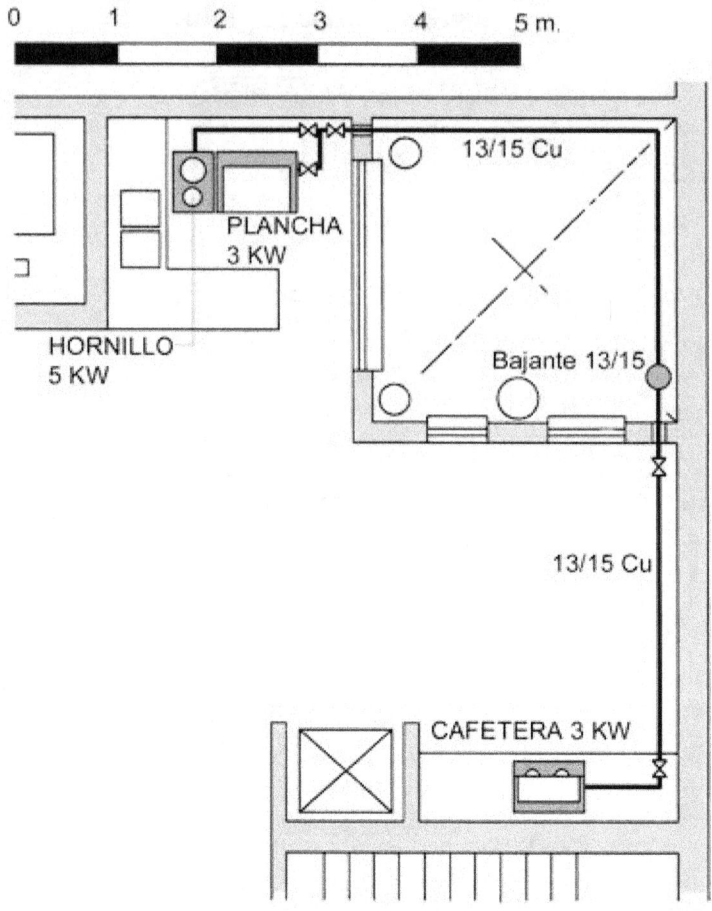

Canalización en entresuelo

INSTALACION DE G.L.P. CON UN DEPÓSITO FIJO DE 4.000 LITROS PARA SERVICIO DE UN EDIFICIO DESTINADO A RESTAURANTE Y OFICINAS, SITUADO EN TERRAZA.		
PLANO DE DETALLE CANALIZACION EN ENTRESUELO.		
Plano n° 11	EL TITULAR	EL TÉCNICO
Escala: Gráfica		
Fecha: 4/06		
Revisado		

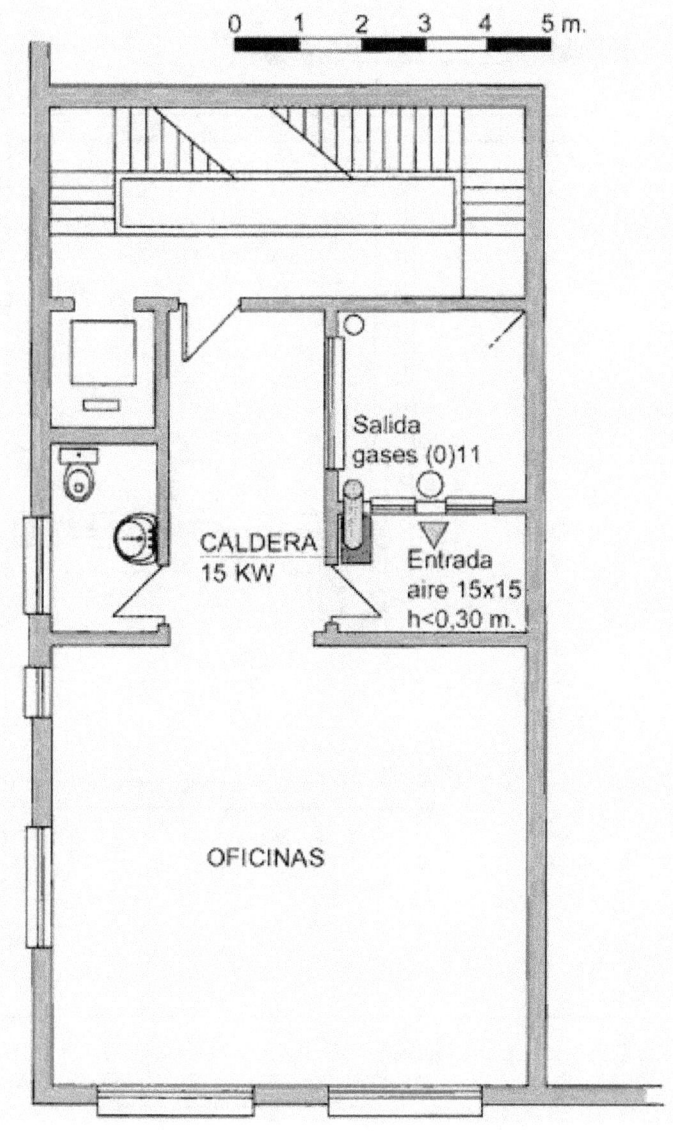

Ventilación plantas 1ª,2ª y 3ª

INSTALACION DE G.L.P. CON UN DEPÓSITO FIJO DE 4.000 LITROS PARA SERVICIO DE UN EDIFICIO DESTINADO A RESTAURANTE Y OFICINAS, SITUADO EN TERRAZA.		
PLANO DE PLANTAS 1ª,2ª Y 3ª: RECEPTORES Y VENTILACIÓN.		
Plano n° 12	EL TITULAR	EL TÉCNICO
Escala: Gráfica		
Fecha: 4/06		
Revisado		

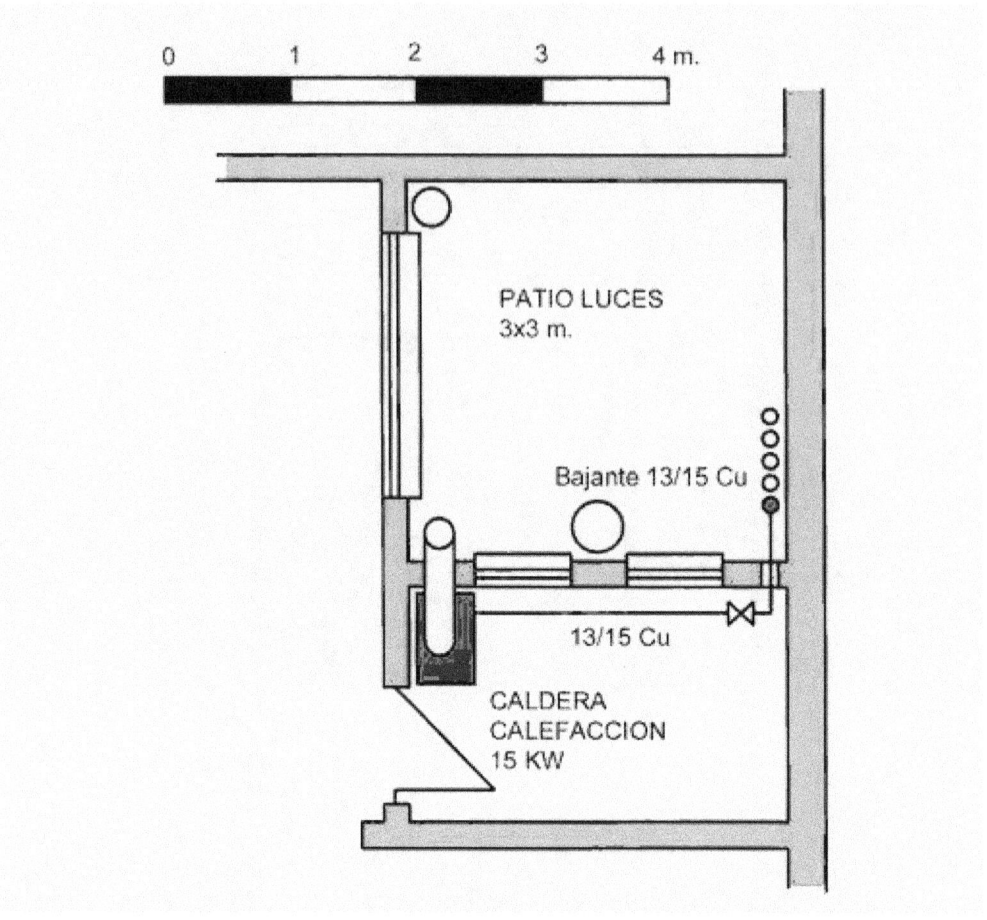

Canalización plantas 1ª,2ª y 3ª

INSTALACION DE G.L.P. CON UN DEPÓSITO FIJO DE 4.000 LITROS PARA SERVICIO DE UN EDIFICIO DESTINADO A RESTAURANTE Y OFICINAS, SITUADO EN TERRAZA.		
PLANO DE PLANTAS 1ª,2ª Y 3ª : DETALLE CANALIZACIÓN.		
Plano nº 13	EL TITULAR	EL TÉCNICO
Escala: Gráfica		
Fecha: 4/06		
Revisado		

142

GLOSARIO

Caseta: pequeño recinto cerrado, construido de obra de albañilería o prefabricado (siempre con material ininflamable) destinado a albergar contadores, envases de G.L.P. o equipos de carga y trasvase.

Cimentación: realizada habitualmente de obra de albañilería, debe soportar las cargas de los elementos a ella anclados, incluyendo, en el caso de los depósitos de G.L.P., el peso del agua en la prueba hidráulica.

Cotas acumuladas: parten de un origen común, por lo que no se acumulan errores de medición.

Cotas enlazadas: son las habitualmente empleadas, sumándose para dar la longitud total.

Distancia de seguridad: recorrido realizado por el gas en caso de fuga.

Escala gráfica: segmento dividido en unidades de medida, que conserva las proporciones de origen con las medidas del plano aunque este se reduzca o amplíe.

Escala numérica: proporción entre las medidas del plano y las de la realidad.

Esquema: expresión gráfica simple de las características técnicas de una instalación sin detalle del recorrido de ésta.

Isométrica: expresión simple de una instalación de gas realizada en perspectiva isométrica, en la que se indica su recorrido y longitud de los tramos

Perspectiva isométrica: tipo de perspectiva que utiliza tres ejes a 120° sin reducción de longitud.

Plano de canalización: el que indica sobre planos de planta o alzado el recorrido de las conducciones de gas.

Plano de detalle: desarrolla puntos concretos tal como la ventilación, conexionado de receptores…

Simbologia: conjunto de grafos que representan los distintos componentes de una instalación de gas y que están incluidos en el anexo 1 a la unidad didáctica 5.

CUESTIONARIO DE AUTOEVALUACIÓN

1) ¿Qué es una escala gráfica? Cita sus ventajas e inconvenientes.

2) Diferencia las cotas enlazadas de las cotas acumuladas.

3) Considerando que los envases móviles de G.L.P. tienen un diámetro de 30 centímetros, verifica si en una caseta que tiene unas medidas de planta de 210x80 cm., caben un total de 6+6 botellas I 350 y explica cómo deben estar alojadas.

4) Si hemos de cerrar una caseta para almacenamiento de envases móviles de G.L.P.:

   a) Usaremos una cerradura.

   b) Es preferible usar un candado.

   c) No deberemos poner nada de esto, ya que está prohibido cerrar con llave las casetas de gas por si hay alguna emergencia.

5) En una instalación doméstica con envases UD 125 de gas butano, las botellas deben distar de los hornillos y radiadores de calefacción:

   a) 0,30 metros como mínimo.

   b) Esta distancia se puede reducir si hay una mampara de protección.

   c) 0,50 metros como mínimo.

6) Una batería para 4+4 envases del tipo UD 110 (propano 11 Kgs) tiene unas distancias de seguridad:

   a) Iguales a las de los envases UD 125.

   b) Iguales a las de los envases I 350.

   c) Tiene una normativa propia.

7) Una batería de 6+6 envases móviles de G.L.P. debe distar de la abertura de un desagüe:

   a) 3,00 metros como mínimo.

   b) 2,00 metros como mínimo.

   c) 5,00 metros como mínimo.

8) Una batería de 4+4 envases móviles de G.L.P. debe distar de la vía pública

   a) 3,00 metros como mínimo.

   b) 6,00 metros como mínimo.

   c) 5,00 metros como mínimo.

9) ¿Se puede instalar una batería para 1+1 envases de gas propano de 35 Kgs. en un almacén en el que la superficie es de 300 m² y cuya altura es de 3 metros? ¿Por qué?

10) Identifica cada uno de los componentes del esquema adjunto rellenando la tabla adjunta.

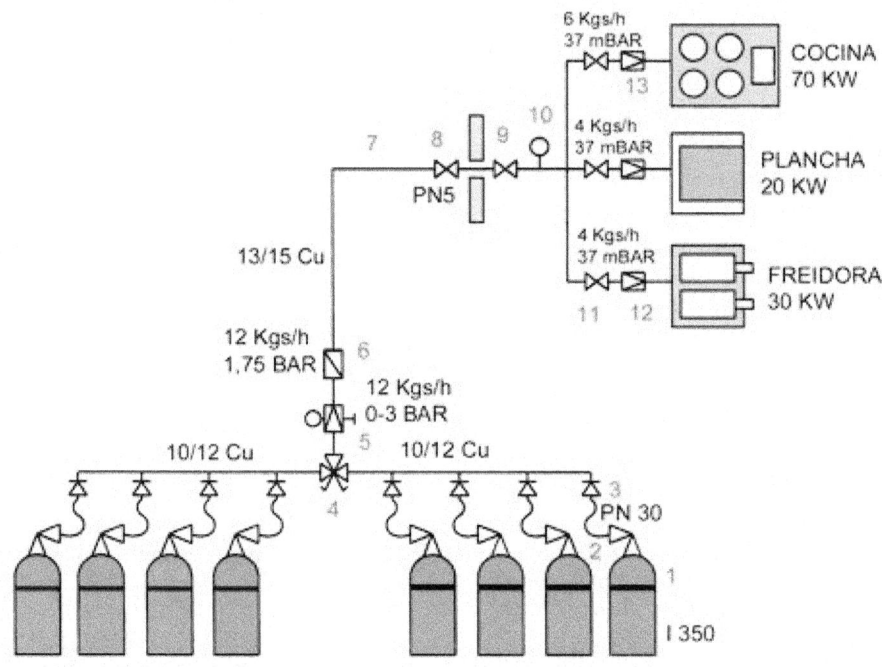

Instalación con envases móviles de G.L.P.

Refer.	Cantidad	Concepto	Caudal	Presión
1				
2				
3				
4				
5				
6				
7				
8				
9				
10				
11				
12				
13				

11) Identifica cada uno de los componentes del esquema adjunto rellenando la tabla adjunta.

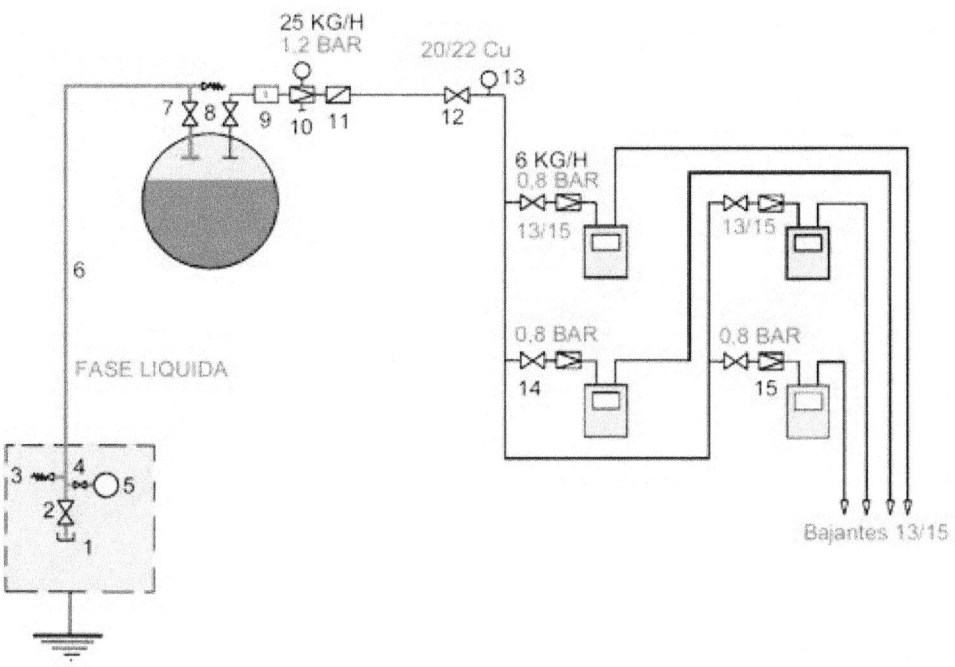

Instalación colectiva con depósito de G.L.P.

Refer.	Cantidad	Concepto	Caudal	Presión
1				
2				
3				
4				
5				
6				
7				
8				
9				
10				
11				
12				
13				
14				
15				

INSTALACIONES DE GAS

MONTAJE Y MANTENIMIENTO DE INSTALACIONES DE GAS

ÍNDICE

6. Montaje de máquinas y equipos. Técnicas y operaciones de ensamblado, asentamiento, alineación sujeción, etc.

    6.1. Generalidades.

    6.2. Baterías de envases móviles de G.L.P.

    6.3. Depósitos fijos de G.L.P.

7. Puesta en servicio.

    7.1 Generalidades.

    7.2. Reglamentos de aplicación.

    7.3. Verificaciones.

    7.4. Pruebas de estanqueidad de las canalizaciones.

    7.5. Puesta en marcha de instalaciones con baterías con envases móviles de G.L.P.

    7.6. Puesta en marcha de instalaciones con depósitos fijos de G.L.P.

8. Montaje de cuadros de protección y automatismo y redes eléctricas.

    8.1. Generalidades.

    8.2. Instalaciones con envolventes antideflagrantes.

    8.3. Conexiones equipotenciales.

    8.4. Puesta a tierra.

9. Mantenimiento preventivo de instalaciones de gas.

    9.1. Mantenimiento preventivo.

    9.2. Manuales de mantenimiento y reparación.

    9.3. Revisiones en instalaciones receptoras domésticas en BP.

    9.4. Revisiones periódicas en las instalaciones con envases móviles de G.L.P. en batería,

    9.5. Revisiones periódicas de las instalaciones con depósitos fijos de G.L.P.

    9.6. Instalaciones de gran potencia.

10. Tipologia de las averias.

    10.1. Diagnóstico y localización.

    10.2. Operaciones de mantenimiento: técnicas y procedimientos. Herramientas.

INTRODUCCIÓN

A lo largo de esta unidad didáctica vamos a exponer los criterios a que debemos atenernos para realizar las operaciones de montaje y mantenimiento de instalaciones de gas, así como para realizar las pruebas de estanqueidad y proceder a su puesta en marcha. Con ello podrá adquirir la necesaria experiencia y una superior calificación profesional.

OBJETIVOS

- Saber establecer las distintas fases del montaje de una instalación de gas.

- Conocer las especificaciones técnicas de la obra civil y componentes de las instalaciones, pudiendo identificar los parámetros que las caracterizan.

- Ser capaz de ejecutar las operaciones de replanteo de las instalaciones y de la obra civil complementaria.

- Saber utilizar los útiles, herramientas y medios empleados en el montaje.

- Realizar correctamente los montajes de redes, máquinas y equipos que forman parte de las instalaciones de gas, así como su puesta en servicio.

- Identificar los componentes de las instalaciones eléctricas auxiliares.

- Conocer las normas de mantenimiento preventivo de instalaciones de gas.

- Conocer y reparar las averías que se pueden presentar, en su caso bajo la supervisión de técnico competente.

- Conocer los riesgos y actuar con seguridad en las operaciones de montaje y mantenimiento de instalaciones.

1. FASES DE MONTAJE

La secuencia de montaje es diferente según el tipo de instalación y sus circunstancias. No obstante hay fases claramente diferenciadas y que son comunes a todas ellas. A saber:

- Especificaciones técnicas.

- Replanteo de las instalaciones.

- Ejecución de la obra civil previa.

- Ubicación, en su caso, de máquinas y equipos.

- Montaje de redes.

- Realización de pruebas de resistencia mecánica y estanqueidad.

- Verificación del cumplimiento de la normativa.

- Puesta en marcha.

2. ESPECIFICACIONES TÉCNICAS

2.1. Generalidades

Para las pequeñas instalaciones, como las realizadas con envases móviles de gas butano del tipo UD 125 o instalaciones receptoras de gas natural o gas propano a partir del contador correspondiente, tenemos que conocer las siguientes características de los receptores:

- Potencia calorífica.

- Presión de funcionamiento.

- Tipo de gas para el que están preparados.

- Contraseña de homologación de los receptores, a fin de su posterior legalización.

- Tipo de conexión (roscada, con tetina...).

Y, además, las especificaciones de:

- Las conducciones (material, dimensiones, métodos de unión...).

- Las válvulas de corte y regulación (presión nominal, diámetro de las roscas de entrada y salida...).

Las instalaciones de tipo medio, tal como las que utilizan baterías de envases móviles de gas propano del tipo UD 110 (11 Kgs.) o I 350 (35 Kgs.) y que no necesiten Proyecto Técnico pueden requerir, además de las características de los receptores, el levantamiento de un plano para poder ubicar adecuadamente la caseta para las botellas, con arreglo a los criterios dados en la unidad didáctica 6, en el que se refleje la existencia de elementos sujetos a distancias de seguridad, tal como desagües, motores eléctricos o de explosión, conductores eléctricos... A partir del plano, el instalador dimensionará la caseta citando sus especificaciones técnicas.

Si las instalaciones requieren Proyecto Técnico el instalador se ajustará a éste en todo lo especificado, aunque ello no le libere de la obligación de inquirir cualquier detalle no recogido en el Proyecto y que pueda afectar a la instalación.

Por otro lado, se requerirán las especificaciones técnicas de:

- Los aparatos de regulación.

- Los contadores.

- Las conducciones.

- Las válvulas de corte y regulación.

En todos los casos es necesario conocer las características (ubicación y tamaño) de las rejillas de entrada de aire para la ventilación y de los conductos de evacuación de gases quemados, así como recabar, en su caso, las plantillas de montaje de los receptores que dispongan de ellas.

En los apartados que siguen se reseñan las especificaciones técnicas de componentes fundamentales de las instalaciones de gas.

2.2. Casetas para alojar envases de gas propano UD 110 ó I 350 en batería

Es necesario establecer:

- Tipo de material.

- Número y tipo de envases y distribución interna (en una o dos filas).

- Medidas interiores.

- Ventilación.

- Detalles constructivos de la puerta.

- Ubicación exacta.

Aunque, tal como se dijo en la unidad didáctica 6, no hay una normativa que imponga unas dimensiones determinadas sí que se requiere que la ventilación sea, al menos, del 20% de la superficie del suelo. Para envases I 350 una norma práctica para determinar las medidas interiores es:

En baterías con una fila de botellas

$L = (N° \text{ de botellas} + 1) \times 0,30 \text{ metros.}$

$A = 0,50 \text{ metros.}$

$H = 1,80 \text{ metros.}$

En baterías con dos filas de botellas

$L = (N° \text{ de botellas}/2 + 1) \times 0,30 \text{ metros.}$

$A = 0,80 \text{ metros.}$

Ejemplo

¿Cuáles serán las medidas interiores de una caseta para alojar 8+8 botellas de gas propano tipo I 350 si estas están colocadas en doble fila?

$L = (16/2 + 1) \times 0,30 = 2,70 \text{ metros}$

$A = 0,80 \text{ metros.}$

$H = 1,80 \text{ metros.}$

Todos los materiales empleados para la construcción de la caseta serán incombustibles y no tendrá iluminación eléctrica (la norma la acepta si el material es antideflagrante pero su alto costo lo hace inviable). Como ya dijimos en la UD 6, la caseta se cerrará mediante candado y su suelo tendrá una pendiente del 10% para evitar que se embalse el agua de lluvia.

La puerta será metálica (habitualmente de plancha de hierro), ventilada arriba y abajo con tela metálica electrosoldada, lamas inclinadas o similares. Su tamaño depende de la distribución interior de las botellas. Lo más aconsejable es el empleo de una puerta de dos hojas, con medidas del orden de 120x180 cm.

2.3. Casetas para contadores

Si la instalación es individual o para viviendas adosadas no se requiere caseta alguna, siendo más sencillo ubicarlos en un armario de regulación y medida ARM normalizado por las compañías suministradoras. Si la instalación es compleja requiere proyecto técnico, por lo que nos remitiremos a él. En un edificio de viviendas, los contadores pueden estar alojados:

- En una centralización situada en la planta baja (gas natural) o terraza (depósitos G.L.P.).

- En cada planta, ubicándose en los denominados "conductos técnicos".

- En cada vivienda, que es el caso de edificios relativamente antiguos, en los que la instalación de gas se ha realizado posteriormente a su construcción.

2.4. Cimentaciones para depósitos fijos de G.L.P.

Este tipo de recipientes requiere siempre Proyecto Técnico, por lo que nos remitiremos a éste para conocer su forma y dimensiones, así como su ubicación.

2.5. Manorreductores

Se debe indicar su caudal en m^3/h (gas natural y G.L.P. para reguladores medios y grandes) o en Kgs/h y su presión de regulación (en el caso de que no sean fijos), que es, habitualmente:

- Para distribuciones en MPB en los sectores doméstico y terciario: 1,2 a 1,5 BAR.

- Para distribuciones en MPB en el sector industrial: 1,5 a 2,5 BAR.

- Para distribuciones en MPA: 550 y 1.000 mm.c.a.

- Para distribuciones en BP: 220 mm.c.a. para gas natural, 300 mm.c.a. para gas butano y 370 mm.c.a. para el gas propano.

Además, es imprescindible conocer si el regulador dispone de:

- Válvula de intercepción VIS de mínima presión, rearme manual o automático.

- Válvula de intercepción VIS de máxima presión.

- Válvula de escape VES, también denominada de alivio sobrepresión VAS.

Sus características de entrada/salida se expresan:

- En roscas normalizadas (20x150 y 21,8 Izda para los reguladores pequeños de G.L.P.).

- En roscas gas a partir de 1/2" para reguladores mayores.

- En diámetro nominal de las bridas para los grandes reguladores embridados (DN 40 correspondería a un regulador de 1 1/2" por ejemplo).

2.6. Limitadores

Tal como se indica en la UD 5, los limitadores de presión, utilizados solamente para las instalaciones de gas propano están tarados a:

- 1,75 BAR para los sectores doméstico y terciario.

- 3 BAR para usos industriales.

En su exterior deberá figurar además su capacidad, expresada en Kgs/h. Se instalarán a continuación de la salida del manorreductor de primera etapa o del inversor automático, en su caso.

Limitador G.L.P. 12 Kgs/h – 1,75 BAR
roscas T 20x150 y M 20x150

2.7. Contadores

Los de membrana, que son los que más se emplean, tienen caudales nominales de hasta 100 m³/h y admiten presiones de hasta 1 BAR (según modelos). Lo más habitual es medir en BP pero en instalaciones para gas propano con derivaciones de longitud media o alta se utiliza medición en MPB. A saber:

- Gas natural: 220 mBAR.

- Gas propano: 370 mBAR.

- Gas propano: 0,8 BAR.

2.8. Conducciones

Para los gases combustibles se emplea acero, cobre y polietileno (sólo en tramos enterrados o empotrados). Aunque el diámetro de las conducciones se debe determinar mediante cálculo (ver UD 5) hay valores que son muy habituales.

- Gas butano en BP: 13/15 Cu.

- Gas natural en BP (instalaciones domésticas) : 13/15 Cu.

- Gas propano en MPB (instalaciones pequeñas y medias) : 10/12 Cu y 13/15 Cu.

- Gas propano y gas natural en MPB (instalaciones grandes) : A partir de 1" Ac.

- Gas natural y propano, en tramos enterrados MPB o BP: Polietileno DN 20,25, 32, 40 y 50 mm.

Es importante indicar que el color de las conducciones ha de ser amarillo para la fase gas (gas natural o G.L.P.) y rojo para la fase líquida de los G.L.P.

2.9. Válvulas de corte y regulación

Las válvulas de corte y regulación vienen definidas por su presión nominal PN, su diámetro nominal DN para las embridadas y la rosca para las de este tipo. Los valores más empleados son:

- Válvulas de corte para instalaciones domésticas de gas natural: PN5, entrada/salida 1/2", 3/4", 1", 1 1/2" rosca gas.

- Válvulas de corte para instalaciones pequeñas y medias G.L.P.: PN5, 20x150.

- Válvulas de corte roscadas para instalaciones industriales de gas natural y G.L.P. fase gas: PN16, 1/2" a 2".

Llave de paso M " x M " PN5

- Válvulas de corte embridadas para instalaciones industriales gas natural y G.L.P. en fase gas: PN16, DN 15 a DN 50

- Válvulas de corte para fase líquida: PN40.

Llave de paso ángulo H 7/8" x M 7/8" PN5 para contador

2.10. Valvulería para depósitos fijos de G.L.P.

- Con excepción de los indicadores de nivel, utilizan rosca cónica NPT de 3/4" y NPT 1 1/4" que asegura una excelente estanqueidad empleando teflón como junta.

- Los niveles se montan sobre soportes con 4 tornillos 6/100 con junta tórica o plana cilíndrica.

- En las válvulas de seguridad se indicará la presión de tarado, 20 BAR, y el caudal de descarga en Nm^3/min de aire.

2.11. Entradas de aire para la ventilación

Se requiere conocer:

- Su ubicación (a no más de 0,30 metros del suelo para cualquier tipo de gas), siendo recomendable la colocación de otra rejilla junto al techo, que será obligatoria en el caso de que no quede asegurada una ventilación fija aún en el caso de paro del equipo de extracción.

- Su sección libre (70% de la total para las de aluminio) según normativa.

2.12. Salida de gases quemados

Aunque hay cálculos y tablas que determinan el diámetro de las chimeneas, es suficiente, en la mayoría de los casos, que éste sea el de la salida del receptor, excepto en el caso de que haya tramos horizontales de consideración.

3. PROCEDIMIENTOS Y OPERACIONES DE REPLANTEO DE LAS INSTALACIONES

3.1. Obra civil

El trazado de perpendiculares y paralelas corresponde a operaciones básicas de replanteo cuyo método ya ha sido desarrollado en los puntos 6.1., 6.2. y 6.3 de la unidad didáctica 6, en las que se requerían para el levantamiento de planos. Son necesarias para ubicar correctamente una cimentación o cuando se tenga que enterrar una conducción, ya que ésta debe ser paralela al cerramiento próximo, de modo que sea fácil seguir su recorrido si disponemos de un plano o, con cuidado, realizamos una cata. Recordamos el proceso con la figura adjunta.

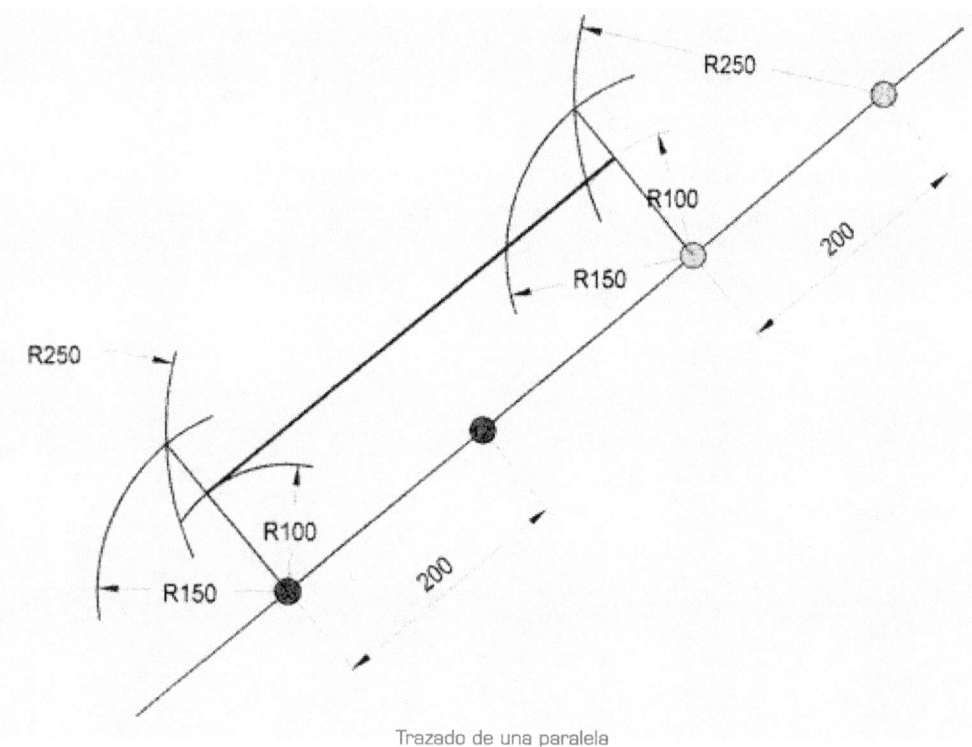

Trazado de una paralela

En el replanteo de la cimentación para un depósito de G.L.P. partiremos del de los ejes correspondientes, marcándose a continuación las zapatas. Se verificarán cuidadosamente las distancias de seguridad que aparezcan en el Proyecto Técnico.

Es importante marcar bien los pasamuros, de modo que su eje esté junto a la pared por donde transcurrirá la canalización y a la altura de ésta.

Las entradas de aire para la ventilación se deberán ubicar en zonas en donde no se vaya a colocar un receptor arrimado a la pared con posterioridad. Debe indicarse su altura, las dimensiones del orificio y que las cámaras de aire han de estar selladas para evitar acumulaciones de gas en caso de fuga.

3.2. Red de distribución

El trazado de la red de distribución se realizará marcando los puntos extremos y utilizando un tiralíneas. Si se trabaja sobre alicatado se puede utilizar una línea de azulejos como referencia.

Las abrazaderas se colocarán a una separación del orden de 1,00 metro entre ellas, teniendo en cuenta que:

- Si el alicatado está realizado con mortero de cemento es muy probable que en las juntas de los azulejos haya huecos que no permitan la colocación de las abrazaderas con la solidez requerida. Es preferible el alicatado con cemento cola una vez enlucida la pared con mortero.

- Nunca colocar una abrazadera en el centro de un codo.

- Para sujetar las llaves, utilizar abrazaderas colocadas cerca de ellas de modo que las llaves se soporten firmemente al apretar aquellas.

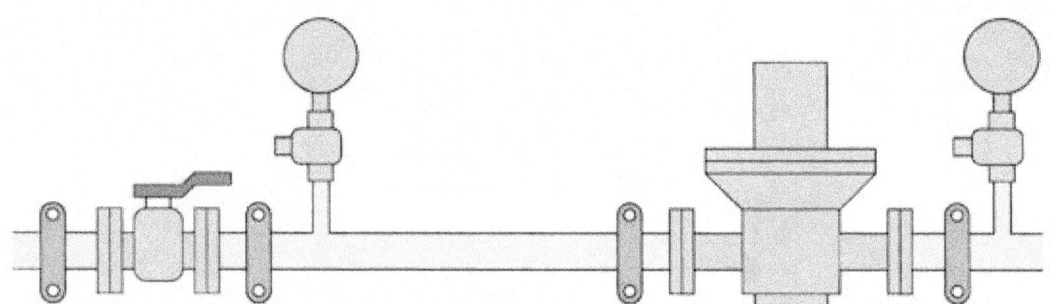

Colocación de abrazaderas

Las llaves generales de paso se situarán siempre en lugar fácilmente accesible, sin necesidad de utilizar escalera para ello. Si es necesario, porque la conducción se trace en alto, se bajará hasta una altura del orden de 1,70 metros, ubicándose las citadas llaves. Las situadas en el exterior en zonas de paso público no deben estar a mayor altura, colocándose en caso necesario en el interior de un armario con cierre de ficha, no con candado.

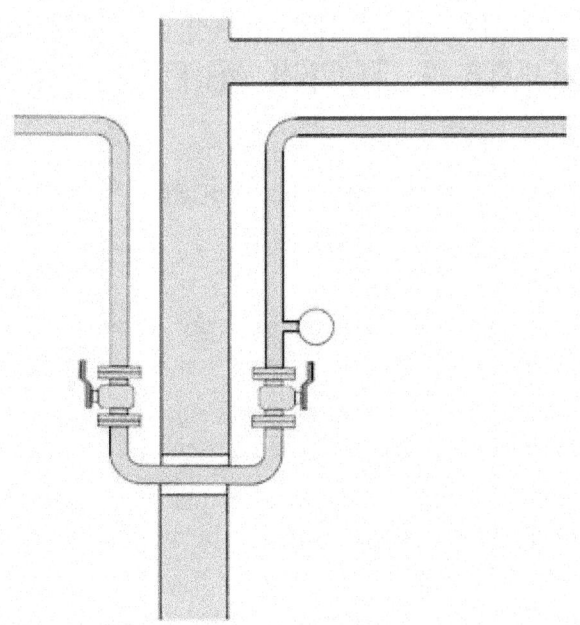

Situación de una llave de paso general

En las instalaciones realizadas con tubo de cobre las llaves de aparato deben colocarse fuertemente ancladas a la pared más próxima al receptor o sobre un soporte robusto. Nunca se instalarán al aire ya que en este caso la tubería podría sufrir un esfuerzo mecánico de torsión al abrir o cerrar la llave. Los elementos de regulación, especialmente los de baja presión, requieren estar cerca de los receptores, no siendo admisible una pérdida de carga de más del 5%.

En cocinas industriales cabe la posibilidad de colocar los reguladores en la trasera de los bloques de cocinas, o en un lateral, en cuyo caso se albergarán en el interior de un armario estanco o, al menos, tendrán una cubierta que los proteja de ensuciamiento, especialmente al orificio de equilibrio de presión.

4. ÚTILES, HERRAMIENTAS Y MEDIOS EMPLEADOS EN EL MONTAJE. TÉCNICAS DE UTILIZACIÓN

4.1. Generalidades

En el módulo correspondiente a "Técnicas de mecanizado y unión", de primer curso, se desarrollan suficientemente estos puntos, de modo que solamente puntualizaremos algunos conceptos específicos de la técnica del gas. Recordamos que las conducciones de gas se pueden realizar con:

- Cobre, empleado en pequeñas y medianas instalaciones en las que no haya grandes requerimientos mecánicos.

- Acero, más utilizado en instalaciones industriales, con canalizaciones de diámetros que pueden ser considerables y por ello tienen mayores requerimientos mecánicos.

- Polietileno, para tramos enterrados (o empotrados) en BP y MPB.

4.2. Herramientas manuales

Las más empleadas son:

- Alicates universales, "pico de loro", presión.

- Llaves inglesa, fijas, de estrella, allen.

- Destornilladores planos y de rosca Philips.

- Cortatubos.

- Doblatubos de cobre para tubo de 10/12.

- Llave Stillson (grifa) solamente para tubos de acero y cuando sea imprescindible. Para trabajar en caras paralelas (tuercas, machones) se emplearán siempre llaves fijas o inglesas (preferentemente llaves fijas).

- Sierras de arco.

- Limas planas.

- Martillos, de acero y bronce o plástico.

NO DEBEN:

- Emplearse las llaves Stillson con latón ya que marcan y deforman las válvulas (por ejemplo para apretar o aflojar la valvulería de un depósito de G.L.P).

- Utilizarse cortatubos usados para acero para cortar tubo de cobre, a menos que verifiquemos su perfecto estado. Pueden producir muescas y deformaciones.

- Suplementarse los brazos de palanca de las llaves inglesas con tubos. Esto puede producir roturas o deformaciones en los elementos apretados, además de ser peligroso para el que lo está haciendo.

- Utilizarse doblatubos con tubo de cobre en tiras de más de 12 mm. ya que reducen mucho la resistencia mecánica. A partir de 13/15 Cu deberán usarse accesorios de soldar por capilaridad.

- Usarse ensanchadores de tubo ni injertadores para ahorrar accesorios de cobre. Se debilita la resistencia mecánica y su uso no está autorizado.

4.3. Herramientas electroportátiles

- Los taladros portátiles eléctricos deben llevar percutor y tener carcasa de plástico antichoque del tipo de "seguridad elevada". Básicamente se emplean para perforar paredes utilizando las brocas adecuadas.

- Los taladros portátiles electroneumáticos permiten, mediante el empleo de brocas de gran longitud y diámetro, colocar pasamuros.

- Las amoladoras o radiales permiten cortar y limar tubería de acero. No deben emplearse para otro tipo de tubería (cobre o polietileno) que requieren un mecanizado menos agresivo y para las que se deberán emplear cortatubos. Son máquinas especialmente peligrosas, por lo que se deben usar con precaución.

5. MONTAJE DE REDES

5.1. Tuberías de cobre

Sin duda el método más utilizado para su unión es el de la soldadura por capilaridad. Soldadura que ha de ser de la denominada "fuerte" para instalaciones en media presión B y puede ser "blanda" (esto es del tipo estaño-plata) para instalaciones en baja presión. Los sopletes son del tipo de presión directa con gas butano o, para soldadura fuerte y, especialmente en trabajos en la intemperie, los del tipo oxibutano, que dan un dardo fino y una alta potencia calorífica.

La unión de las conducciones a los elementos de corte o regulación se realiza habitualmente mediante racord roscado con junta plana de caucho sintético. Es el método más seguro, especialmente en MPB, aunque se ha de tener en cuenta que:

- Habrá que sujetar la parte sobre la que se aprieta la tuerca ya que una rotación de ésta podría romper un tubo.

- No se debe comprimir la junta en exceso, apretándola con demasiado entusiasmo. Se puede deformar la junta perdiendo estanqueidad.

Accesorio con junta plana

El empleo de los sistemas "ermeto" o similares (ovalillos que se incrustan en el tubo y luego realizan una junta metal-metal) no es el más adecuado en tuberías de cobre ya que cualquier movimiento puede producirnos fugas.

En algunos receptores las conexiones son de acero con rosca gas macho y una mala mecanización. En tal caso se debe realizar una conversión a piezas con un buen mecanizado utilizando teflón como junta de estanqueidad intermedia. Nunca cáñamo ni sustancias similares.

5.2. Tuberías de acero

La soldadura eléctrica es la técnica más utilizada para su unión, aunque la normativa permite la autógena para pequeños diámetros. En media presión B o baja presión lo más habitual es la soldadura "a tope" sin necesidad de manguitos, empleando las denominadas "curvas hamburguesas" norma 3 (radio de curvatura 3 veces el diámetro).

Para alta presión, esto es, en tramos que puedan estar a más de 4 BAR (por ejemplo la tubería de carga de un depósito de G.L.P. con boca a distancia), se requiere el uso de uniones y curvas hembra-hembra (esto es, que abracen al tubo por fuera) de acero forjado. Las soldaduras se revisarán una a una mediante ensayos "no destructivos", siendo los tipos más empleados el radiografiado y los ensayos con líquido penetrante. Estos ensayos han de ser realizado por una entidad autorizada por la administración pública.

Para el acoplamiento de elementos embridados se emplearán juntas planas homologadas para gases combustibles. Si los elementos son roscados debe utilizarse teflón o material similar.

5.3. Tuberías de polietileno

El uso del polietileno electrosoldado ha constituido un gran avance para el tendido de tuberías enterradas y empotradas, debido a que es un material inoxidable y además suficientemente flexible para permitir asientos de terreno sin romper. No obstante tiene el problema de que se vuelve quebradizo con la luz solar y por tanto no se puede emplear en instalaciones vistas.

Por ello, para salir a la superficie se emplean los denominados "tallos" que son conversiones realizadas en fábrica para conectar PE-Cu o PE-Ac.

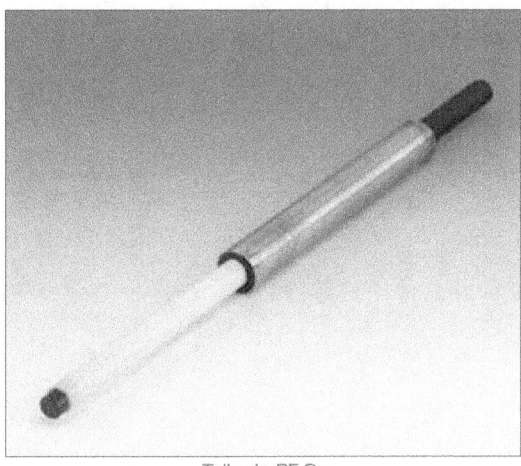

Tallo de PE-Cu

La gran cantidad de accesorios existente para la electrosoldadura y la sencillez de manejo de las máquinas han hecho que el PE haya desplazado al cobre (muy caro al requerir un espesor de 1,5 mm. y accesorios de latón) y, en diámetros de hasta 3", al acero (que además requiere protección catódica).

5.4. Accesorios

Las llaves, filtros, manorreductores y restantes accesorios se pueden acoplar a la tubería mediante:

- Tuercas con racords locos con junta plana, para pequeños diámetros y tubería de cobre.

- Roscas gas. Si la tubería es de acero se le pueden soldar manguitos de acero forjado con rosca cónica MNPT que aseguran una excelente estanqueidad a altas presiones.

- Bridas, exclusivamente para tuberías de acero. Éstas se soldarán en la postura correcta, teniendo en cuenta que sus orificios estén situados de modo que, al montarse los accesorios, queden en las posiciones adecuadas.

Deberán tomarse las siguientes precauciones:

- Las juntas planas de caucho sintético no se deben presionar excesivamente. Pueden partirse, por lo que el apriete de las tuercas se realizará con cuidado y hasta el punto justo.

- Las juntas empleadas para elementos embridados (llaves, reguladores, filtros…) se deben presionar uniformemente. Apretar los tornillos poco a poco y en orden, en varias vueltas.

- El teflón colocado como material de estanqueidad entre roscas da muy buen resultado si se coloca la cantidad necesaria, esto es, ofreciendo cierta resistencia al apriete. El número de vueltas depende del tamaño de las roscas y su mecanizado.

- Las juntas planas o tóricas no deben ser sustituidas por teflón sobre el asiento de las mismas.

- La tubería debe estar bien anclada, de modo que no se pueda mover con la mano.

6. MONTAJE DE MÁQUINAS Y EQUIPOS. TÉCNICAS Y OPERACIONES DE ENSAMBLADO, ASENTAMIENTO, ALINEACIÓN SUJECIÓN, ETC.

6.1. Generalidades

Los receptores a gas para montaje mural suelen venir con las correspondientes plantillas. Es imprescindible una correcta nivelación de éstas y su traspaso a pared. Si los receptores son pequeños (calentadores...) suelen ir sujetos con dos o más puntos. Procede colocar primero uno de los puntos de anclaje, colgar el receptor, nivelar y después marcar y ejecutar los demás puntos de anclaje. Las encimeras de cocina siempre disponen de plantilla para poder ejecutar el orificio oportuno. Una vez ubicadas se conectarán con tubería rígida (nunca flexible).

En las instalaciones industriales de G.L.P. se utilizan sistemas de trasvase mediante bomba o compresor para el llenado del depósito. Aunque estos equipos están construidos de modo que las vibraciones son mínimas se montará la tubería de modo que los tramos iniciales dispongan de las suficientes curvas para absorberlas. También se colocarán silent-blocks en los orificios de que están provistas las patas de estos elementos.

Las instalaciones industriales de gas natural no tienen equipos susceptibles de producir vibraciones, por lo que no se requieren precauciones especiales.

6.2. Baterías de envases móviles de G.L.P.

Las baterías requieren inversor automático + limitador de presión para instalaciones del grupo 3° (6+6 envases I 350 o más) y pueden emplear también un inversor manual seguido de un manorreductor regulable de MPB y un limitador de presión para instalaciones del grupo 2° (5+5 envases I-350 como máximo).

Para conectar los envases a la batería, a través de latiguillos, se emplean los llamados "codos rampa", (terminales de la batería y de rosca M 20x150) y las "tes rampa" de la misma rosca y que ocupan posiciones intermedias. Las salidas de soldar de estos accesorios son de 12 mm, por lo que para el colector se emplea tubo de 10/12 Cu.

La batería se debe montar sobre un soporte de perfil laminado que será el que se sujetará a la pared con tornillos tirafondos de modo que el colector de cobre no sufra tensiones mecánicas al manipular en él. La altura adecuada de montaje es de 1,60 metros para los envases I-350 y de 1,00 metro para los I-110 y, como norma, la distancia entre tomas (tes o codos rampa) debe ser de 15 cm. si las botellas van en doble fila y 30 cm. si solamente ocupan una fila.

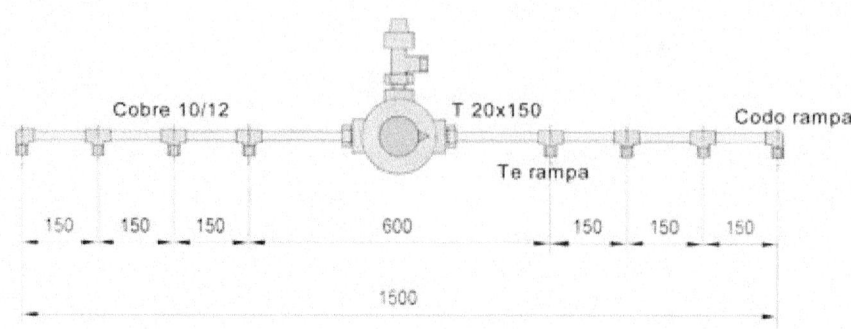

Batería para 4+4 botellas I-350 en dos filas

6.3. Depósitos fijos de G.L.P.

Una vez realizada la cimentación se procederá a la colocación del depósito. En la cimentación se habrán dejado huecos que permitan el anclaje, mediante espárragos roscados, del depósito. El hueco se rellenará posteriormente con hormigón rico y el depósito se conectará a una toma de tierra con un valor no superior a 20 Ohmios.

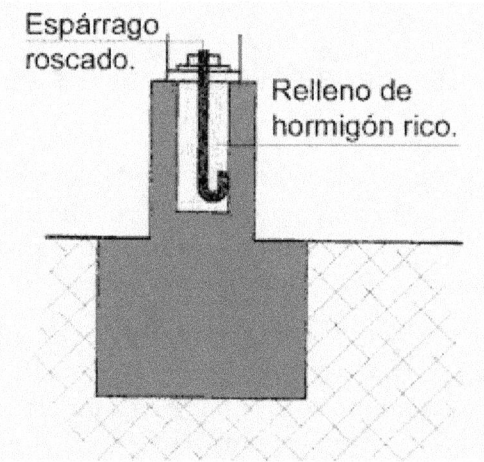

Anclaje del depósito a la cimentación

Ya ubicado el depósito en su cimentación se procederá a una limpieza cuidadosa de los collarines en los que van a roscarse las válvulas NPT y el nivel magnético, colocándose éstas en sus correspondientes orificios, con excepción de la válvula de seguridad, y, en el caso de que se haya de

174

realizar prueba hidráulica de resistencia mecánica, el indicador de nivel magnético. Ambos elementos se montarán tras realizar la citada prueba. Es muy importante tener en cuenta que:

Multiválvula con indicador de punto alto de llenado

- La boya del nivel magnético debe desplazarse en sentido perpendicular al eje del depósito para no tropezar con el tubo sonda de la salida de fase líquida.

- La multiválvula (salida de fase gas) se colocará en el orificio que le corresponda, de 3/4" NPT. Nunca en una salida de fase líquida (que dispone de tubo sonda, lo cual es fácilmente apreciable con el dedo) y que también es de 3/4" NPT por lo que se presta a confusión.

- Antes de montar la multiválvula se verificará la longitud de la varilla de punto alto de llenado, que será de la medida determinada en el proyecto. Para depósitos de 1.200 mm. es de 28 cm. Antes de montar la multiválvula la varilla se roscará sobre ésta y, abierto el tornillo moleteado, se soplará para verificar que no está embozada. Para esta rosca no se debe utilizar teflón ni apretar en exceso para no aplastarla.

Una vez montado el depósito se procederá al conexionado del equipo de regulación de primera etapa (limitador de caudal, manorreductor regulable MPB y limitador de presión).

175

7. PUESTA EN SERVICIO

7.1. Generalidades

La puesta en servicio de una instalación está sujeta a la normativa correspondiente siendo realizada por Instalador provisto del correspondiente carné profesional y, en su caso, en presencia de representantes del titular, empresa suministradora, Consellería de Industria o empresa u organismo colaboradores. Recordamos que son propias de:

- Instalador con carné IG-1: instalaciones receptoras tipo doméstico en baja presión, con gas natural y envases móviles de G.L.P. tipo UD 125 y UD 110, con un máximo de 2 envases en descarga simultánea.

- Instalador IG-2: instalaciones receptoras de cualquier potencia y parques de almacenamiento con cualquier tipo y cantidad de envases móviles de G.L.P. (UD 125, UD 110 e I 350), siempre que no haya conducciones enterradas.

- Instalador IG-3: las anteriores y canalizaciones enterradas.

- Instalador IG-4: todo tipo de instalaciones, incluidas las que utilizan depósitos fijos de G.L.P. y las estaciones de regulación y medida ERM de gas natural.

Dado el carácter de este texto y la complejidad del tema nos limitaremos a dar las pautas de actuación técnica en este proceso. En el apartado 7.2. detallamos la normativa correspondiente al proceso y la tramitación de la documentación técnico-administrativa de las instalaciones propias de carnés profesionales IG-1 e IG-2.

7.2. Reglamentos de aplicación

- Condiciones Técnicas básicas que han de cumplir las instalaciones de los aparatos que utilicen los GLP como combustibles. (Resolución de 25 de febrero de 1.963) Resolución 24 julio 1963 (Dir. Gral. Industrias Siderometalúrgicas). GAS. Normas para Instalaciones de gases licuados del petróleo con depósitos de capacidad superior a 15 Kgs.

- Real Decreto 2913/1973, de 26 de Octubre, por el que se aprueba el Reglamento general del servicio público de gases combustibles (modificado por RD 3484/1983).

- Orden del Ministerio de Industria y Energía de 17 de diciembre de 1985, por la que se aprueban la Instrucción sobre documentación y puesta en servicio de las instalaciones receptoras de Gases Combustibles y la instrucción sobre instaladores autorizados de gas y empresas instaladoras.

- Real Decreto 494/1988, de 20 de mayo, por el que se aprueba el Reglamento de aparatos que utilizan gas como combustible (http://www.coitiab.es/reglamentos/comb_gas/reglamentos/rd_4 94.htm#reglamento).

- Real Decreto 1853/1993, de 22 de octubre, por el que se aprueba el Reglamento de instalaciones de gas en locales destinados a usos domésticos, colectivos o comerciales (RIGLO), Anexos e Instrucciones Técnicas complementarias.

7.3. Verificaciones

En todos los casos, previamente a la puesta en marcha, se verificará que:

- Las entradas de aire para la ventilación están realizadas y tienen la ubicación y sección libre requeridas por la normativa.

- Los conductos de evacuación de gases quemados están instalados, no disponen de regulador manual y su trazado es correcto según normativa, disponiendo de deflectores para impedir que retrocedan los gases quemados.

- Las salidas de gases quemados están alejadas de las entradas de aire la distancia reglamentaria.

- Los volúmenes de los locales en donde están alojados los aparatos a gas son adecuados y disponen de ventanas o puertas practicables hacia el exterior.

- Las conducciones de gas cumplen las distancias reglamentarias a tomas de corriente e interruptores y están identificadas reglamentariamente (color amarillo para la fase gas, rojo para la fase líquida).

- Los pasamuros se han rellenado con masilla plástica.

- Las llaves de corte son accesibles y funcionan correctamente y su presión nominal es la requerida.

- Los reguladores son del caudal y presión requeridos y disponen, en su caso, de VIS de máxima, mínima o ambas.

- Los receptores poseen una placa de características en donde consta, al menos, la potencia térmica, el tipo de gas, la presión de funcionamiento y la contraseña de homologación.

En instalaciones con depósitos móviles de G.L.P.

- El colector está anclado fuertemente a la pared a través de un perfil laminado de acero.

- Todas las juntas de estanqueidad están colocadas y apretadas suficientemente.

- Las válvulas antirretroceso están colocadas.

- La caseta o lugar de ubicación de los envases cumple las distancias reglamentarias, está dotada de candado y tiene la ventilación reglamentaria (al menos un 20% de la superficie del suelo).

- La caseta está construida con materiales incombustibles y su suelo tiene una pendiente del 10%.

- Dispone de rótulos con la indicación : "Prohibido fumar y hacer fuego"

- En su caso (instalaciones del grupo 3° con envases móviles de G.L.P.) están colocados dos extintores de PS de 2,5 Kgs.

En instalaciones con depósitos fijos de G.L.P.

- Se cumplen las distancias de seguridad.

- El depósito está conectado a tierra y la toma no tiene más de 20 Ohmios.

- El depósito no tiene rozaduras y está bien pintado.

- El cerramiento dispone de rótulos con la indicación "Prohibido fumar y hacer fuego".

- En su proximidad está colocado, al menos, un extintor de incendios PS de 6 Kgs.

- Si está ubicado en terraza dispone de equipo manguera y pararrayos con radio suficiente.

- Los cerramientos tienen, al menos, 1,80 metros de altura.

- La puerta abre hacia fuera y está provista de candado.

- Si el depósito es enterrado, dispone de sistema de protección catódica.

- Si el depósito dispone de boca de carga a distancia, la línea de fase **líquida está provista de conexiones equipotenciales y pintada de color rojo.**

7.4. Pruebas de estanqueidad de las canalizaciones

7.4.1. Gas natural

Las pruebas se pueden realizar con aire o gas inerte. Para ello:

- Cerrar llaves del inicio y final tramo de prueba. La llave final del tramo de prueba será la del aparato (mando o conexión).

- Verificar que las llaves intermedias están abiertas.

- Conectar dispositivo de entrada fluido de prueba.

- Presurizar hasta presión de prueba.

- Si se observa disminución de presión, buscar, con agua jabonosa, la fuga que puede estar en la instalación o en el conexionado a la válvula de inicio de prueba.

Tramos en MPB

- Tramo a comprobar: desde la válvula de acometida hasta la válvula del regulador.

- Presión y tiempos de prueba: 5 BAR durante 30 minutos en tramos de menos de 10 metros y durante 1 hora en tramos mayores.

- Equipo de prueba: manómetro con escala 10 BAR máximo y divisiones 0,1 BAR.

Tramos en MPA

- Tramo a comprobar: desde la válvula de acometida hasta la válvula del regulador.

- Para presión de suministro de hasta 1.000 mm.c.a. la presión de prueba será de 1.500 mm.c.a. durante 15 minutos, realizada con una columna de agua, o manómetro de precisión de escala adecuada.

- Para presión de suministro mayor de 1.000 mm.c.a. la presión de prueba será de 1 BAR durante 15 minutos, realizada con un manómetro con escala 2,5 BAR máximo y divisiones 0,05 BAR .

Tramos en BP

- Tramo a comprobar: según diseño de la instalación.

- La presión de prueba será de 500 mm.c.a. durante 10 minutos para tramos de menos de 10 metros y 15 minutos para tramos de longitud superior, realizada con una columna de agua, o manómetro de precisión de escala adecuada.

Estanqueidad en los contadores y conjuntos de regulación.

- Se verificará con espuma jabonosa.

7.4.2. G.L.P.

En los tramos de MPB se realizará la prueba con aire, gas inerte o gas propano a 5 BAR durante 15 minutos. Si se utiliza gas propano y las conducciones están frías puede haber condensaciones, por lo que deberá:

- Abrir la conexión del equipo de prueba y, tras estabilizarse la presión, esperar con el equipo abierto 15 minutos.

- Cerrar el equipo. El manómetro no debe bajar.

- Como verificación volver a abrir el equipo. Si no se produce un pequeño silbido es señal de que la canalización es estanca.

En los tramos de BP se empleará agua jabonosa a la presión de servicio.

7.5. Puesta en marcha de instalaciones con baterías con envases móviles de G.L.P.

7.5.1. Pruebas de estanqueidad

Se realizarán con agua jabonosa a presión directa, una vez colocados y abiertos todos los envases, revisándose todas las soldaduras y juntas de estanqueidad, incluyendo las de los latiguillos.

7.5.2. Puesta en marcha

Una vez comprobada la estanqueidad de la batería y canalización, si la instalación dispone de inversor automático se abrirán todas las botellas y purgará la instalación a través de los receptores. Si la instalación es muy larga se purgará en MPB aflojando un poco las tuercas de entrada a las llaves de receptor, y después, tras apretarlas, se purgarán los tramos de BP.

En el caso de que la instalación disponga de inversor manual seguido de manorreductor de MPB se procederá del mismo modo, pero ajustando éste a una presión entre 1,2 y 1,5 BAR. Esta regulación se ha de realizar con consumo, bien en los receptores o provocando una pequeña fuga en la batería a la salida del manorreductor.

Los envases no pueden ser sustituidos más que por personal de la empresa suministradora.

7.6. Puesta en marcha de instalaciones con depósitos fijos de G.L.P.

7.6.1. Pruebas de resistencia mecánica

La normativa indica que los depósitos de G.L.P. deben probarse a 26 BAR de presión hidráulica durante 30 minutos. Para ello, colocada toda la valvulería, excepto la válvula de seguridad (que se probará aparte) y el indicador de nivel, se procederá a introducir agua hasta la presión indicada utilizando una bomba de pistones manual o eléctrica. No se debe dejar con presión el recipiente durante mucho más de 30 minutos porque podría verse afectada su estructura y se debe despresurizar sin prisa. En los depósitos nuevos estas pruebas se hacen en fábrica.

La válvula de seguridad se probará con una bomba hidráulica, intercalando un pequeño acumulador para evitar una apertura brusca. Deberá abrir a 20 BAR, cerrando al bajar la presión a 19 BAR. Si la válvula no actúa correctamente sustituirla y enviar la tarada a fábrica indicando que es defectuosa.

7.6.2. Inertizado de los depósitos

A fin de evitar que durante el llenado de los depósitos se puedan producir mezclas de gas y aire que pudieran dar lugar a una atmósfera explosiva, es imprescindible proceder a la eliminación del aire sustituyéndolo por nitrógeno (la normativa admite también el CO_2) que da lugar a una atmósfera inerte. El nitrógeno se introduce por la parte superior y el aire (o agua) se extrae, por sobrepresión, por la chek-lok instalada en la generatriz inferior.

Se debe crear una ligera sobrepresión y purgar una o dos veces. Si se va a tardar en llenar el depósito siempre se dejará con algo de presión, para evitar que posibles pequeñas fugas permitan entrar aire.

7.6.3. Primer llenado

Aunque en la unidad didáctica 6 ya se han expuesto las operaciones a realizar, las recordamos. A saber:

- Conexionado a la toma de tierra del camión cisterna.

- Roscado del terminal de la manguera.

- Puesta en marcha del equipo de carga del camión cisterna.

- Llenado inicial, hasta un máximo del 10%, verificándose que el nivel ha despegado, el indicador de punto alto de llenado silba (señal de que no está obstruido) al aflojar el tornillo moleteado correspondiente y no hay fugas en la valvulería, comprobándolo mediante agua jabonosa.

- En caso de que todo ello se cumpla se seguirá con el llenado. El indicador de punto alto (que se dejará abierto durante la operación) debe comenzar a escupir líquido al 80% del volumen de depósito, siendo continua la salida de líquido al llegar al 85% de este. En este instante se verificará que el nivel marca correctamente.

- Se desenrroscará el terminal de la manguera y, a continuación, se desconectará la toma de tierra del camión cisterna.

7.6.4. Puesta en marcha

Las maniobras se realizarán sin prisa, ya que en caso contrario es muy fácil que se disparen los limitadores de caudal o presión. Por ello:

- Con las llaves de paso de los receptores cerradas se abrirá ligeramente la salida de fase gas de la multiválvula. Silbará.

- Poco a poco irá bajando el silbido hasta desaparecer, señal de que la tubería está llena de gas. En ese momento podemos abrir totalmente la llave sin peligro de que nos salten los limitadores.

- Una vez abierta la llave procede regular el manorreductor de MPB, con consumo, a valores entre 1,2 y 1,5 BAR.

8. MONTAJE DE CUADROS DE PROTECCIÓN Y AUTOMATISMO Y REDES ELÉCTRICAS

8.1. Generalidades

Las instalaciones eléctricas afectas a la técnica del gas se limitan al campo industrial, cumpliéndose las normas del Reglamento Electrotécnico de Baja Tensión para locales con peligro de incendio y/o explosión en:

- Instalaciones de equipos de trasvase para llenado de depósitos fijos de G.L.P. en las que se emplean compresores o bombas y es necesaria la instalación de luminarias.

- Instalaciones de regulación y medida, en donde se empleará energía eléctrica en los sistemas de distribución de los equipos de lectura y las luminarias.

Por otro lado, en este tipo de instalaciones se emplean conexiones equipotenciales y puestas a tierra, que entran dentro de la técnica eléctrica y por tanto debemos considerar.

Los cuadros de protección y maniobra se deben colocar alejados de estas zonas de especial peligrosidad, con lo que no tienen que reunir requisitos específicos. También se pueden emplear para el mando de los equipos accesorios neumáticos, especialmente pulsadores.

Aunque no es competencia del instalador de gas la realización de este tipo de montaje debe conocerlos suficientemente, especialmente por lo que afecta al riesgo de una manipulación inadecuada.

8.2. Instalaciones con envolventes antideflagrantes

Se denomina envolvente antideflagrante a aquella capaz de soportar la explosión interna de una mezcla inflamable que haya penetrado en su interior sin sufrir avería en su estructura y sin transmitir la inflamación interna a la atmósfera explosiva externa a través de las juntas de unión u otras comunicaciones.

Las envolventes antideflagrantes no deben ser confundidas con envolventes estancas, aunque pueden serlo respecto al polvo y al agua. Permiten la entrada del gas que genera la atmósfera explosiva, pero son capaces de enfriar la onda expansiva de una posible explosión interna hasta una temperatura por debajo del punto de inflamación del gas que está en el exterior. El trayecto L1+L2 es recorrido por los gases calientes procedentes de la explosión, que hacen saltar la junta de estanqueidad (marcada en rojo en la figura) cuyo único objeto es impedir que penetre polvo o agua

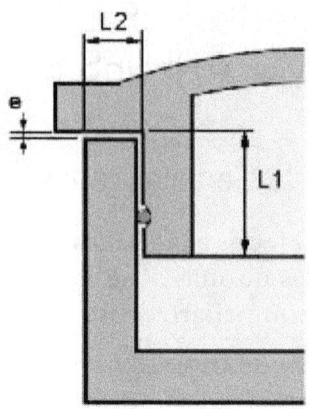

Envolvente antideflagrante

en el interior. El valor del intersticio "e" es tal que el gas pueda expansionarse sin problemas, con lo cual no se cree más que una sobrepresión controlada en el interior de la envolvente, y, además, se enfríe al salir, cediendo calor a la envolvente que es de aluminio fundido y tiene una masa considerable. Todo el material antideflagrante llevará su correspondiente placa de características, en la que, junto a la notación **Ex** o **Eex** (que indica que está construido para atmósfera explosiva) figuren la letra "d" (envolvente antideflagrante), la indicación del grupo de gases protegidos (I para el gas natural y IIA para el propano) y la temperatura ambiente, que, si no se especifica en sentido contrario, es aceptable entre -25° C a +40° C.

El cable empleado para instalaciones con envolventes antideflagrantes es del tipo armado e instalado en montaje superficial, aunque en instalaciones antiguas se puede encontrar cable de 1.000 V bajo tubo, con las entradas y salidas de las envolventes selladas para evitar una posible transmisión de la onda de presión si se produce una explosión en el interior de la envolvente. Su sección debe estar muy sobredimensionada de modo que no registre el mínimo calentamiento y, en caso de un **cortocircuito, lo soporte sin destruirse.**

8.3. Conexiones equipotenciales

Tienen como objeto el que dos elementos metálicos próximos no puedan estar a diferente potencial eléctrico. Cualquier elemento no metálico debe estar "puenteado" de modo que esto se cumpla. El caso más frecuente es el de las llaves de paso, contadores y reguladores, que llevan juntas aislantes, por lo que se debe conectar eléctricamente la entrada y la salida de estos elementos.

8.4. Puesta a tierra

Requieren puesta a tierra:

- Las estaciones de regulación y medida E.R.M. de gas natural.

- Las casetas para bombas y compresores.

- Las instalaciones con depósitos fijos de G.L.P.

Su valor, que se debe medir con un telurómetro, no debe exceder de 20 Ohmios.

9. MANTENIMIENTO PREVENTIVO DE INSTALACIONES DE GAS

9.1. Mantenimiento preventivo

La normativa, más que sobre mantenimiento preventivo, nos habla sobre revisiones periódicas en las que se pueden detectar anomalías en las instalaciones y aparatos y que deben ser resueltas con celeridad. A la vista de lo en ella indicado, y muchas veces por analogía, podemos concluir que:

- Los depósitos de G.L.P. deben ser revisados anualmente.

- Las baterías con envases móviles de G.L.P. se deben revisar cada 4 años, al igual que todas las instalaciones receptoras.

Las empresas mantenedoras pueden, en principio, realizar estos servicios, siempre que estén inscritas en el "Servei Territorial de Industria" de la provincia correspondiente y correspondan a la categoría reglamentaria. A saber:

- Empresas del tipo EG1: instalaciones domésticas en BP y MPA en el interior de viviendas, con lo que se cubren las instalaciones receptoras domésticas con envases de gas butano UD125, propano en BP del tipo UD 110 y gas natral desde receptores.

- Empresas del tipo EG2: todo tipo de instalaciones receptoras, incluso en locales públicos, y instalaciones con envases móviles de gas propano UD 110 e I 350, colocados en batería, en MPB.

- Empresas del tipo EG4: cualquier tipo de instalaciones, incluso depósitos fijos de G.L.P. y estaciones de regulación y medida de gas natural en MPB.

9.2. Manuales de mantenimiento y reparación

En cierto tipo de instalaciones, como las que disponen de depósitos fijos de G.L.P., se requiere la existencia de un "libro de mantenimiento y reparación" en el cual se refleje las fechas de las revisiones y las incidencias registradas, así como las reparaciones efectuadas y su resultado. El libro, diligenciado por el OTC (Organismo Territorial competente) es uno de los documentos necesarios para la legalización de la instalación y su puesta en marcha y deberá ser custodiado por el usuario que deberá ponerlo a disposición del OTC si este lo requiriera.

9.3. Revisiones en instalaciones receptoras domésticas en BP

Es necesario verificar que:

- La conducción está pintada de amarillo, al menos, en sus tramos identificativos.

- Las llaves de paso accionan correctamente.

- Los receptores están conectados correctamente y los tubos flexibles no han caducado.

- Las entradas de aire no están cubiertas por objetos y tienen la sección suficiente.

- Los conductos de evacuación tienen el trazado correcto y disponen de deflectores.

Esta revisión debe completarse con un control del tiro en los calentadores y/o calderas de calefacción y un análisis de los productos de la combustión de éstos.

9.4. Revisiones periódicas en las instalaciones con envases móviles de G.L.P. en batería

En las baterías debe verificarse que:

- No hay objetos ajenos a la instalación en el interior de la caseta.

- Los latiguillos de alta presión de la batería colectora no han superado su fecha de caducidad.

- Se cumplen las distancias de seguridad reglamentarias desde los envases a los distintos puntos de riesgo (motores, conductores eléctricos, desagües...).

- El candado de la puerta de la caseta abre y cierra correctamente.

- No hay fugas en la batería, averiguándolo mediante el uso de espuma jabonosa.

- Están colocados los rótulos de "prohibido fumar y hacer fuego" y "gas inflamable".

La instalación receptora comprende desde la llave exterior de corte hasta los receptores. Se ha de cumplir que:

- La conducción está pintada de amarillo, al menos, en sus tramos identificativos.

- Las llaves de paso accionan correctamente.

- Los receptores están conectados correctamente y los tubos flexibles no han caducado.

- Las entradas de aire no están cubiertas por objetos y tienen la sección suficiente.

- Los conductos de evacuación tienen el trazado correcto y disponen de deflectores.

En toda la parte de la instalación sometida a media presión B, se realizará una prueba de estanqueidad con gas propano a 5 BAR, a partir de la salida del limitador de presión y durante 15 minutos, no debiendo bajar el manómetro una vez estabilizada la instalación. Para la prueba se cerrarán las llaves de paso de los aparatos.

En la parte de la instalación sometida a baja presión, esto es, a partir de las salidas de los manorreductores de 2ª etapa (370 mm.c.a.), será suficiente verificar la inexistencia de fugas con espuma jabonosa.

El instalador viene obligado a poner en conocimiento de la empresa suministradora cualquier anomalía en la instalación, debiendo guardar copia diligenciada por ésta del informe presentado.

9.5. Revisiones periódicas de las instalaciones con depósitos fijos de G.L.P.

En el depósito se verificará que:

- La toma de tierra está bien conectada y tiene un valor no superior a 20 Ohmios.

- No hay fugas en la valvulería, para lo que se utilizará agua jabonosa.

- El punto alto de llenado no está cegado.

- No hay trazas de óxido en el depósito, estando bien pintado.

- Los reguladores están tarados a presiones comprendidas entre 1,2 y 1,7 BAR.

- Los rótulos de "prohibido fumar y encender fuego" están colocados y en buen estado.

- Los extintores no superan la fecha de caducidad.

Si el depósito está enterrado se medirá el potencial de protección catódica. Si el depósito está en terraza se verificarán además:

- El buen estado de la boca de carga.

- La conexión a tierra de ésta.

- El buen estado de la manguera y que la presión en ésta es suficiente.

- El buen estado visual del pararrayos.

La línea de alimentación corresponde al tramo que va hasta la llave exterior de corte. En ella se realizará una prueba de estanqueidad con gas propano a 5 BAR, a partir de la salida del limitador de presión y durante 15 minutos, no debiendo bajar el manómetro una vez estabilizada la instalación. Para la prueba se cerrarán las llaves exteriores de paso.

En la parte correspondiente a instalación receptora (a partir de la llave general de corte exterior) las revisiones son cuatrienales, con la misma operativa indicada en el apartado 9.4 para éstas.

9.6. Instalaciones de gran potencia

El personal de mantenimiento propio debe controlar la seguridad de la instalación diariamente. No obstante, las revisiones periódicas y la reparación de elementos específicos de la instalación no deben ser realizadas más que por personal autorizado en posesión del correspondiente carné profesional.

10. TIPOLOGÍA DE LAS AVERÍAS

10.1. Diagnóstico y localización

En una instalación de gas las averías se producen en:

- Receptores.

- Conducciones.

- Elementos de regulación y seguridad.

- Valvulería de los depósitos de G.L.P.

Solamente las averías graves son detectadas por el profano, cual es el caso de una fuga de gas en una conducción. La mayoría se detectan en revisiones periódicas a cargo de personal técnico.

10.2. Operaciones de mantenimiento: técnicas y procedimientos. Herramientas

Las operaciones de mantenimiento deben ser efectuadas por personal técnico, que utilice herramental adecuado. En los locales en donde hay riesgo de atmósfera explosiva, como las casetas de los equipos de carga y trasvase para G.L.P. y las estaciones de regulación y medida:

- NO utilizar herramientas que puedan producir chispas. Usar martillos de bronce o plástico.

- NO trabajar nunca con tensión eléctrica. Una instalación antideflagrante deja de serlo si se abre la envolvente.

Las herramientas, técnicas y procedimientos a emplear son las mismas que para el montaje y pruebas de estanqueidad, remitiéndonos para su detalle a los puntos 4.2, 4.3 y 6.4.

La manipulación de gas propano en estado líquido puede producir graves quemaduras. Utilizar siempre guantes adecuados para ello.

10.3. Averías en receptores

El mantenedor de una instalación de gas no debe manipular los receptores, ya que ello es responsabilidad de los Servicios de Asistencia Técnica. Se limitará a verificar:

- Que el gas llega al receptor a la presión adecuada, habitualmente en baja presión. Para ello utilizará una columna de agua conectada a la entrada del receptor y leerá la presión con consumos máximo y mínimo. El valor de la misma no deberá ser inferior a la nominal en más de un 5%.

- Que el tiro es suficiente en las conducciones de evacuación de gases quemados. Para ello se debe utilizar un deprimómetro, lo cual a veces es dificultoso. Síntomas claros de que el tiro no es suficiente pueden ser la existencia de vapor de agua procedente de la condensación o la excesiva temperatura de la chimenea en su base.

10.4. Averías en conducciones

- La corrosión, especialmente en tubos de acero, se puede evitar si el tubo está bien pintado, sobre todo en las zonas con soldadura. El tubo de cobre es más resistente a la corrosión pero puede haber problemas en aquellas soldaduras en las que no se ha limpiado bien el decapante.

- Si hemos de reparar una fuga hemos de tener en cuenta la posibilidad de la creación de una atmósfera explosiva formada por la mezcla de gas y aire. Por ello, antes de soldar, hemos de asegurarnos que no queda rastro de gas, para lo que la tubería se dejará abierta durante el tiempo necesario. En caso de duda, la tubería se inertizará con nitrógeno.

10.5. Averías en baterías para envases de G.L.P.

Las fugas de gas y bloqueo de la batería se evitarán considerando que:

- El colector debe estar bien anclado. No se debe operar sobre él sin que esté bien sujeto.

- Las juntas de estanqueidad de los latiguillos de los envases se deterioran fácilmente. Cada vez que se cambien éstos deberán revisarse las juntas y sustituirlas a la menor duda. Esta operación la puede realizar el repartidor de la empresa suministradora, ya que está facultado para ello.

- Caso de disponer la batería de inversor manual y manorreductor de MPB éste no se regulará a más de 1,7 BAR, ya que si se supera esta presión se puede bloquear el limitador de presión.

10.6. Averías en depósitos de G.L.P.

A considerar:

- Las fugas en la base de la valvulería (la rosca que se ajusta a los collarines) se detectan con espuma jabonosa. Se procederá a apretar con cuidado con una llave fija o inglesa pero sin excesos. Esto puede provocar que los asientos de las válvulas, que son de latón, se deformen. Si no se puede eliminar la fuga habrá que vaciar el depósito, desenroscar la válvula, limpiar bien el collarín y la rosca de ésta eliminando los restos de teflón, colocar nuevo teflón y volver a roscarla.

- El nivel magnético lleva una junta tórica o cilíndrica. Si fuga se pueden apretar, girando, los 4 tornillos de que está provisto en el orden 1-3-2-4.

- Si el nivel magnético no arranca en un primer llenado con más de un 10% de carga golpear con un mazo de plástico o sobre un tablón la generatriz superior del depósito, junto al nivel. La vibración producida suele hacerlo despegar.

- Si el nivel magnético se traba durante el llenado, habiendo arrancado correctamente, es posible que esté colocado incorrectamente y la boya tropiece con el tubo sonda de fase líquida.

- En el caso de que el indicador de punto alto no silbe desde el principio cuando se abre el tornillo moleteado es posible que esté embozado. Si silba pero no escupe líquido al llegar al 85% es que tiene poca longitud.

- La válvula de llenado puede fugar a través de sus válvulas de retención. En tal caso no se debe tapar con la cubierta de plástico que trae, sino con un tapón metálico, ya que la primera sola la protege de suciedad y puede que no aguante la presión.

- Si el manorreductor de MPB vibra hay que verificar que no sale líquido por él, lo cual se debería a que, erróneamente, está conectado en un orificio que corresponde a fase líquida que lleva soldado un tubo buzo. Este error de montaje es muy grave ya que puede hacer que el líquido llegue a los receptores provocando una expansión brusca que podría provocar una explosión.

Para poder solucionar estas averías puede ser necesario vaciar el depósito de gas, operación delicada que se debe realizar de acuerdo con el siguiente proceso:

- Si la avería no reviste peligro inmediato (nivel enganchado, indicador de punto alto cegado) consumir todo el gas.

- Si hay fuga de gas que se considere grave hay que solicitar a la empresa distribuidora que envíe un camión cisterna despresurizado. A través de la salida de fase líquida se vaciará el depósito, ayudándose con la inyección de nitrógeno a través de la boca de carga (mediante un adaptador adecuado) que creará una sobrepresión que facilite la operación.

- Una vez vacío el tanque se procederá a su inertizado con nitrógeno.

- Se aliviará la sobrepresión descargando la mezcla gas-nitrógeno a la atmósfera con precaución.

- Una vez hecho esto, se puede abrir el depósito y proceder a la reparación.

- Ya efectuada ésta se debe volver a inertizar el depósito para su llenado.

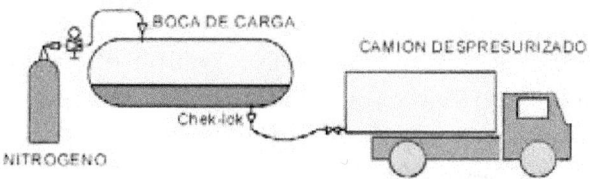

Vaciado de un depósito de G.L.P.

11. SEGURIDAD EN LAS OPERACIONES DE MONTAJE Y MANTENIMIENTO DE INSTALACIONES

Además del cumplimiento de las normas en el montaje, puesta en marcha y mantenimiento de instalaciones de gases combustibles que se han ido desarrollando a lo largo de esta unidad didáctica, es necesario identificar los riesgos existentes de mayor incidencia y establecer las medidas preventivas para reducir el riesgo de accidentes. Para mayor abundamiento nos remitimos al correspondiente módulo profesional de primer curso.

RIESGO IDENTIFICADO	MEDIDA PREVENTIVA A IMPLANTAR
Caídas a distinto nivel por los desplazamientos internos en obra.	Proteger los huecos. Uso de EPI'S homologados.
Caídas desde escaleras manuales o andamios.	Uso de escaleras con zapatas antideslizantes. Montaje correcto de andamios.
Caídas por suelos resbaladizos.	Limpieza.
Caídas por la presencia de objetos o cables en tierra.	Orden y limpieza.
Derrumbamiento por apilamiento de materiales.	Colocarlos fuera de zonas de trabajo.
Pisadas sobre objetos, herramientas y desechos que estén en el suelo.	Orden y limpieza. Utilización de calzado de seguridad.
Cortes y golpes en el uso de herramientas manuales y portátiles.	Utilizar las herramientas adecuadas. Mantenimiento periódico e inmediato si se detecta defecto. No eliminar nunca las protecciones, especialmente de las amoladoras.
Corte por el manejo de materiales cortantes.	Usar guantes adecuados para manipular tuberías de acero.
Proyección de partículas durante las operaciones de corte de material con amoladoras y las operaciones de soldadura.	Utilización de gafas protectoras homologadas.
Atropamiento o aplastamiento en el movimiento de cargas.	No colocarse bajo el radio de acción del mecanismo elevador.
Sobreesfuerzo en el manejo de cargas pesadas.	Usar medios auxiliares. Repartir cargas. Posturas adecuadas.
Quemaduras en las operaciones de soldadura.	Uso de guantes. En operaciones prolongadas, uso de mandiles de cuero.

Contactos eléctricos por deficiencias en los equipos y protecciones.	Disponer de interruptores magnetotérmicos y diferenciales en los cuadros de alimentación. Revisar los cables de conexión a cuadro. Usar lámparas portátiles de doble aislamiento y en buen estado. El conexionado de cables se hará con clavijas. Conectar a tierra las máquinas y equipos que lo requieran. Utilizar máquinas electroportátiles de doble aislamiento.
Contactos eléctricos en zonas húmedas.	Utilización de lámparas y máquinas electroportátiles con transformador de seguridad. Utilización de calzado adecuado.
Exposición a humos de soldadura.	Soldar siempre en lugares bien ventilados. Si esto no es posible, utilizar mascarilla con filtro de carbono y extracción localizada móvil. Vigilancia de la salud.
Exposición a radiaciones no ionizantes durante la soldadura.	Uso obligatorio de pantalla facial durante soldadura. No dejar partes del cuerpo al descubierto. Vigilancia de la salud.
Explosión durante la puesta en marcha de la instalación de gas.	Supervisión de las operaciones por personal técnico cualificado en posesión del carné profesional correspondiente.
Quemaduras en la manipulación de gas propano líquido.	Utilización de guantes homologados.
Incendio provocado durante las operaciones de soldadura o corte de tuberías.	Prohibición de realizar trabajos de soldadura o con radiales en las proximidades de material inflamable. Uso de pantallas de separación.
Incendio provocado por cortocircuito.	No sobrecargar las líneas.
Actuación ante un incendio.	Identificar los extintores y su ubicación. Conocer las normas de utilización. Mantener las vías de evacuación limpias e iluminadas.

RESUMEN

El montaje de una instalación de gas consta de diferentes fases que pueden tener diferente orden cronológico, pero que siempre incluyen:

- Establecimiento de las especificaciones técnicas de la obra civil complementaria y los diferentes componentes de la instalación: receptores, casetas, cimentaciones para depósitos fijos de G.L.P., elementos de regulación, conducciones, entradas de aire para la combustión, salida de gases quemados...

- Operaciones de replanteo de las instalaciones, tanto de la obra civil como de la red de distribución.

- Realización de la obra civil previa.

- Montaje de redes, máquinas y equipos.

- Pruebas de estanqueidad y resistencia mecánica, en su caso.

- Puesta en servicio.

Las herramientas utilizadas en las instalaciones de gas han de ser de buena calidad y no deteriorar los elementos manipulados. No se usarán llaves de grifa más que para la sujeción de tuberías de acero, evitando emplearla en otros casos (por ejemplo para el apriete de valvulería de los depósitos de G.L.P.).

Las conducciones de cobre se unirán mediante soldadura fuerte por capilaridad en todos los tramos de MP. Las de acero con soldadura eléctrica. Todas ellas se someterán a pruebas de resistencia mecánica y estanqueidad con aire, gas inerte o gas combustible, y las presiones y tiempos indicados por la normativa. Las soldaduras de las conducciones de acero en alta presión (líneas de las bocas de carga a distancia de depósitos de G.L.P.,...) se inspeccionarán con ensayos no destructivos (utilización líquidos penetrantes).

Las instalaciones eléctricas empleadas en los locales con peligro de incendio y/o explosión serán realizadas con material antideflagrante. Tanto su montaje como reparación será realizada por instalador electricista autorizado.

Las instalaciones de gas requieren un mantenimiento preventivo a partir de revisiones reglamentarias, anuales para los depósitos de G.L.P., y cuatrienales para las instalaciones receptoras. Estas revisiones tendrán que ser efectuadas por instalador-mantenedor con competencia en el tipo de instalación correspondiente.

Las averías corresponden habitualmente a fugas o bloqueos de sistemas de regulación. Para detectar las fugas se utilizará agua jabonosa o un detector electrónico. Bajo ningún concepto se empleará una llama.

Los instaladores IG-1 pueden realizar o mantener instalaciones receptoras domésticas de gas en baja presión, esto es, desde el contador (caso de gas natural) o desde un máximo de dos envases de gas butano en paralelo, con salida en baja presión. Los instaladores IG-2, además, podrán intervenir en instalaciones receptoras de cualquier tipo (incluso en locales de concurrencia pública) y baterías de envases móviles de G.L.P. con distribución en MPB. Los instaladores IG-3 pueden actuar en instalaciones enterradas y los IG-4 en cualquier tipo de instalaciones. El instalador de cualquier categoría deberá estar inscrito en un Libro Registro del OTC y pertenecer a una empresa instaladora también inscrita.

Las averías en depósitos de G.L.P. deben ser reparadas bajo la supervisión de un instalador IG-4. Se ha de proceder con especial cuidado en la manipulación de gas propano en fase líquida, ya que produce quemaduras. Por ello se han de utilizar guantes adecuados. La peligrosidad de estas operaciones requiere tener ideas muy claras sobre su ejecución.

La seguridad en el montaje y mantenimiento de instalaciones pasa por la observancia de las normas de trabajo expuestas en esta unidad didáctica, la identificación de otros riesgos, de carácter general, y la adopción de las medidas preventivas correspondientes.

GLOSARIO

Abrazadera: accesorio para la sujeción de tuberías de acero o cobre a los paramentos.

Armario estanco: no permite la entrada de polvo y/o agua a su interior. La estanqueidad de un armario o una envolvente en general viene dada por su índice IP.

Atmósfera explosiva: mezcla de gas y aire en una proporción tal que puede generar una explosión.

Atmósfera inerte: aquella en que no se puede producir una explosión. Puede ser una mezcla de gas combustible con nitrógeno o dióxido de carbono o solamente uno de estos últimos.

Batería: acoplamiento en paralelo de envases móviles de G.L.P. Provista de latiguillos, válvulas de retención, tes y codos rampa, inversor automático (o inversor manual y manorreductor MPB regulable) y limitador de presión.

Cimentación: soporte de sustentación realizado habitualmente de obra de fábrica para apoyar un depósito fijo de G.L.P.

Codo rampa: accesorio terminal que permite conectar los latiguillos provenientes de los envases móviles de G.L.P. conectados en batería con el colector. Sus extremos son, habitualmente de rosca M 20x150 y para soldar a (0)10/12 Cu.

Colector: también denominado bateria para el acoplamiento en paralelo de envases móviles de G.L.P.

Collarín: accesorio de acero forjado soldado a un depósito de G.L.P. en fábrica que permite el acoplamiento a este de la valvulería, roscándola o atornillándola

Conexión equipotencial: puente eléctrico que impide que conducciones o elementos metálicos próximos estén a distinto potencial eléctrico.

Contraseña de homologación: en un receptor a gas es una referencia otorgada por el OTC que indica que el receptor está autorizado para su conexionado a la red de gas y reúne las condiciones reglamentarias, figurando en los registros de tipo.

Deflector: sombrerete de salida de una tubería de evacuación de gases quemados que impide la penetración de agua en esta y que aquellos retrocedan hacia el receptor.

Despresurización: reducción de la presión de un recipiente hasta la atmosférica.

Envolvente antideflagrante: permite alojar en su interior equipos y materiales eléctricos convencionales, estando construida de modo que, en caso de explosión, la onda expansiva se enfríe, saliendo al exterior a una temperatura inferior a la de ignición de la atmósfera gaseosa circundante.

Equipo manguera: conjunto de manguera rígida de 25 mm (o), arrollada sobre un carrete, llave de paso y manómetro que se coloca junto a los depósitos fijos de G.L.P. instalados en terraza.

Ermeto: junta metal-metal con un casquillo incrustable intermedio para tuberías de acero específicas para gas.

Especificación técnica: dato técnico (potencia, presión, caudal...) de una conducción, accesorios o receptor.

Estanqueidad: en gas equivale a la ausencia de fugas a la presión de prueba. Detectable con agua jabonosa y, para bajas presiones, mediante la columna de agua.

Junta plana: junta cilíndrica

Junta tórica: junta circular de sección también circular.

Obra civil: obra complementaria para el montaje de instalaciones y equipos de gas (cimentaciones, casetas, pasamuros...)

Placa de características: en un receptor y en un elemento de regulación o corte indica sus especificaciones técnicas, contraseña de homologación y datos del fabricante o importador.

Presión hidráulica: conseguida mediante una bomba permite verificar, con agua, las condiciones de resistencia mecánica e indeformabilidad de un depósito fijo de G.L.P.

Presurizar: aumentar la presión en un depósito de G.L.P. (o una conducción) mediante gas inerte.

Proyecto Técnico: descripción y justificación de las características de una instalación de gas realizada por Técnico titulado competente.

Purgar: eliminar el aire o gas inerte en un depósito o conducción.

Replanteo: acción de marcar en el terreno, a partir de los correspondientes planos, las diferentes partes de una instalación de gas que lo requieren (conducciones, cimentaciones, casetas, pasamuros...)

Rosca cónica: aquella no cilíndrica sino que posee cierta conicidad, lo que permite un mejor ajuste de los elementos roscados. En gas se utiliza la rosca NPT.

Tallo: accesorio que permite el entronque de una conducción enterrada o empotrada de polietileno con tubería de acero o cobre.

Te rampa: accesorio intermedio que permite conectar los latiguillos provenientes de los envases móviles de G.L.P. conectados en batería con el colector. Sus extremos son, habitualmente de rosca M 20x150 y para soldar a (0)10/12 Cu.

Tornillo moleteado: tornillo mecanizado de modo que sea fácil su manipulación con la mano.

Válvula de corte: en la técnica del gas son aquellas de 1/4 vuelta capaces de realizar un cierre y apertura rápidos.

Válvula de regulación: son aquellas capaces de ajustar, dentro de un límite, el caudal y la presión de gas, con un accionamiento suave, de varias vueltas de volante.

Varilla de punto alto de llenado: varilla roscada a la multiválvula de salida de un depósito fijo de G.L.P. con una longitud tal que permita detectar que el nivel de líquido en este es del 85%.

CUESTIONARIO DE AUTOEVALUACIÓN

1) En una caseta para alojar envases de gas propano UD 110 ó I 350 colocados en batería se requiere una ventilación de:

   a) Al menos un 20% de la superficie de la caseta.

   b) Al menos un 20% de la superficie del suelo.

   c) Dos rejillas fijas (en la parte superior o inferior) de 100x100 mm.

2) Si queremos alojar en una caseta una batería para 6+6 botellas I 350 en dos filas, las dimensiones interiores recomendables serán:

   a) 210x80x180 cm.

   b) 260x70x180 cm.

   c) 150x80x180 cm.

3) En una caseta para almacenamiento de envases móviles de G.L.P. en la que se desea instalar una lámpara de alumbrado:

   a) Ésta tiene que ser a gas.

   b) La lámpara será eléctrica pero con envolvente estanca.

   c) La lámpara puede ser eléctrica pero con envolvente antideflagrante.

4) El suelo de una caseta para almacenar envases móviles de G.L.P. deber ser:

   a) Totalmente horizontal para que no caigan las botellas.

   b) Con una pendiente del 10%.

   c) Podrá ser horizontal si se coloca un desagüe en su interior.

5) En una instalación de G.L.P. con un depósito instalado en la terraza la caseta de contadores:

   a) Estará en la terraza.

   b) Se podría instalar en la planta baja.

   c) Ambas respuestas son correctas.

6) En una instalación de gas canalizado los contadores:

   a) Estarán siempre centralizados.

   b) Se alojarán siempre en el interior del domicilio del abonado.

   c) Ninguna respuesta es correcta.

7) La presión de tarado de un limitador para gas natural en usos domésticos:

   a) Es de 1,75 BAR.

   b) Es de 3 BAR.

   c) Los limitadores no se emplean para gas natural.

8) Los contadores más utilizados son los de:

   a) Membrana.

   b) Turbina.

   c) Pistones.

9) La presión a la entrada de un contador de G.L.P. es

   a) Siempre de 37 mBAR.

   b) Puede ser de 0,8 BAR.

   c) Será de 220 mm.c.a.

10) Si decimos que una válvula de corte es DN40 significa

   a) Que su entrada y salida son de rosca DN40.

   b) Que es embridada y se usa para tubo de acero de 1 1/2".

   c) Que es embridada, usándose para polietileno de 40 mm.

11) En un depósito fijo de G.L.P. de pequeño tamaño, la valvulería (con excepción del nivel magnético) es de

   a) 3/4" y 1 1/4" gas.

   b) 3/4" y 1 1/4" Allen.

   c) 3/4" y 1 1/4" NPT.

12) La sección útil de una rejilla de aluminio de 100x100 es del orden de

   a) $100 \ cm^2$

   b) $70 \ cm^2$

   c) $700 \ cm^2$

13) Las abrazaderas no se deben colocar

   a) En los codos de las conducciones.

   b) En los montantes verticales.

   c) Junto a las llaves de paso.

14) Si una conducción de gas entra por el techo, la llave general de corte

    a) Se instalará junto a la entrada de la línea.

    b) La línea se bajará hasta una altura de 1,70 a 1,80 metros.

    c) No se pondrá llave general de corte por ser inaccesible.

15) Para apretar la valvulería de un depósito fijo de G.L.P. se empleará

    a) Una llave Stillson.

    b) Una llave inglesa.

    c) Unos alicates de presión homologados, de bronce antichispas.

16) Si decimos que un aparato tiene doble aislamiento nos referimos a

    a) Un armario para contadores aislado reforzado.

    b) Un contador de gas protegido contra las descargas de electricidad estática.

    c) Una herramienta electroportátil.

17) Si utilizamos una junta plana en un sistema de estanqueidad de tuerca con racord loco la tuerca deberá apretarse:

    a) Lo más fuertemente posible a fin de comprimir totalmente la junta.

    b) Con la fuerza justa, empleando algo de teflón para mejorar la estanqueidad.

    c) Ninguna respuesta es correcta.

18) Si hemos de soldar una tubería en alta presión deberá

    a) Usarse accesorios de acero inoxidable.

    b) Realizar ensayos no destructivos (por ejemplo radiografías) en cada soldadura.

    c) Ambas respuestas son correctas.

19) El polietileno

    a) Se puede utilizar solamente en instalaciones enterradas.

    b) Se puede emplear en instalaciones vistas.

    c) Ambas respuestas son incorrectas.

20) La pieza empleada para conectar tuberías de polietileno con tuberías de cobre se llama

    a) Tallo.

    b) Raíz.

    c) Conversor.

21) Las baterías para envases móviles de G.L.P. deberán colocarse a una altura sobre el suelo de

a) 1,80 metros.

b) 1,00 metro.

c) 1,60 metros.

22) En una batería para envases móviles de G.L.P. en una fila la distancia entre dos tes rampa consecutivas será de:

a) 30 cm.

b) 45 cm.

c) 15 cm.

23) En un depósito fijo de G.L.P. la boya del nivel magnético deberá desplazarse

a) En el mismo sentido del eje del depósito.

b) Perpendicularmente al eje del depósito.

c) A 45° de éste.

24) Si en un depósito fijo de G.L.P. introducimos el dedo por el collarín y tropezamos con un tubo, la salida corresponderá a

a) Fase gas.

b) Fase líquida.

c) Puede pertenecer a cualquiera de las dos, dependiendo del tipo de depósito.

25) La varilla de punto alto de llenado en un depósito fijo de G.L.P. se roscará a la multiválvula

a) Utilizando teflón para asegurar su estanqueidad perfecta.

b) No utilizando teflón pero apretándola muy fuertemente.

c) No utilizando teflón.

26) En la puerta de una caseta para envases móviles de G.L.P. lo más adecuado es

a) Utilizar un candado.

b) Utilizar una cerradura.

c) Utilizar un pasador que no se pueda bloquear con candado.

27) Si un depósito fijo de G.L.P. está situado en una terraza debe disponer:

a) De un equipo manguera.

b) De un extintor de NH3.

c) De ambos elementos.

28) La altura mínima de los cerramientos de las zonas de depósitos fijos de G.L.P. será:

a) 1,80 metros.

b) 2,20 metros.

c) 1,10 metros.

29) La presión de prueba en un tramo de MPB de 12 metros de longitud será de:

a) 5 BAR durante 30 minutos.

b) 5 BAR durante 1 hora.

c) 1,5 veces la presión de servicio durante 15 minutos.

30) En una red de gas natural con presión de suministro 550 mm.c.a. la presión de prueba será:

a) 1 BAR durante 15 minutos.

b) 1.500 mm.c.a. durante 15 minutos.

c) 1.500 mm.c.a. durante 5 minutos.

31) En una red de gas natural con presión de suministro 1.000 mm.c.a. la presión de prueba será:

a) 1 BAR durante 15 minutos.

b) 1.500 mm.c.a. durante 15 minutos.

c) 1.500 mm.c.a. durante 5 minutos.

32) Para buscar fugas en una red de gas

a) Se empleará un mechero antideflagrante.

b) Se utilizará agua jabonosa.

c) Ambos métodos son aceptables.

33) En una batería para envases móviles de G.L.P. provista de inversor manual y manorreductor regulable de MPB se ajustará éste a una presión de:

a) Entre 1,2 y 1,5 BAR.

b) Alrededor de 0,7 BAR.

c) Entre 2,2 y 2,5 BAR.

34) El inertizado de un depósito fijo de G.L.P. consiste en

    a) Eliminar el agua o aire sustituyéndolo por nitrógeno o dióxido de carbono.

    b) Eliminar el aire mediante una bomba de vacío similar a las que se usan en la técnica frigorífica.

    c) Ambos procedimientos son válidos.

35) Una envolvente antideflagrante es

    a) Una envolvente estanca al polvo, agua y a los gases combustibles.

    b) Permite penetrar a los gases combustibles y en el caso de explosión en su interior enfría los gases de salida por debajo de la temperatura de ignición de la atmósfera explosiva exterior.

    c) Es el tipo más perfeccionado de armario para albergar contadores de gas.

36) Las siglas que indican que una envolvente es antideflagrante son

    a) Ex.

    b) Eex.

    c) Ambas.

37) Una empresa EG2 puede mantener

    a) Instalaciones receptoras de cualquier tipo, incluso en locales públicos.

    b) Instalaciones con depósitos fijos de G.L.P.

    c) Ambos tipos de instalación.

38) La manipulación de gas propano en estado líquido

    a) No debe realizarse nunca.

    b) Se puede realizar bajo la supervisión de instalador IG3.

    c) Es muy peligrosa por la posibilidad de quemaduras.

39) En un depósito fijo para almacenamiento de G.L.P. el indicador de punto alto de llenado no silba al abrir el tornillo moleteado. Esto puede ser debido a que la varilla

    a) Es corta.

    b) Es larga.

    c) Está embozada.

40) Si a la salida de un depósito fijo para almacenamiento de G.L.P. el manorreductor vibra, puede ser debido a que

a) Por confusión se ha conectado a una salida de fase líquida.

b) El depósito está demasiado lleno.

c) El depósito está casi vacío.

GLOSARIO GENERAL

Abrazadera: accesorio para la sujeción de tuberías de acero o cobre a los paramentos.

Acometida: conexión a una red de distribución de gas canalizado para servicio de un abonado individual o colectivo.

Adaptador–regulador Kosangas de presión regulable: cabezal para adaptar los envases de G.L.P. UD 110 y UD 125 a la red y que permite regular la presión de salida hasta 2 BAR.

Adaptador de salida libre: construcción similar al anterior pero que descarga toda la presión de la botella y no permite regulación.

Adaptador–regulador "Kosangas" K 30: utilizado en instalaciones domésticas con envases de gas butano UD 125 y que da una presión fija de salida de 32 gr/cm².

Aire propanado: mezcla de aire y gas propano que permite complementar o sustituir eventualmente el gas natural canalizado.

Armario de regulación: conjunto normalizado que permiten conectar las instalaciones de abonado a las acometidas, reduciendo la presión de éstas a la de distribución o la de consumo.

Armario estanco: no permite la entrada de polvo y/o agua a su interior. La estanqueidad de un armario o una envolvente en general viene dada por su índice IP.

Atmósfera: unidad de presión. Aproximadamente 1 Atmósfera = 1 BAR.

Atmósfera explosiva: mezcla de gas y aire en una proporción tal que puede generar una explosión.

Atmósfera inerte: aquella en que no se puede producir una explosión. Puede ser una mezcla de gas combustible con nitrógeno o dióxido de carbono o solamente uno de estos últimos.

Bar: unidad de presión. Son submúltiplos el milibar (mBAR) y el mm.c.a. (1 mBAR = 10 mm.c.a.).

Batería: acoplamiento en paralelo de envases móviles de G.L.P. Provista de latiguillos, válvulas de retención, tes y codos rampa, inversor automático (o inversor manual y manorreductor MPB regulable) y limitador de presión.

Biogás: gas de origen vegetal o animal generado en cámaras con digestores y utilizado habitualmente para consumo propio.

Caseta: pequeño recinto cerrado, construido de obra de albañilería o prefabricado (siempre con material ininflamable) destinado a albergar contadores, envases de G.L.P. o equipos de carga y trasvase.

Cimentación: soporte de sustentación realizado habitualmente de obra de fábrica para apoyar un depósito fijo de G.L.P.

Codo rampa: accesorio terminal que permite conectar los latiguillos provenientes de los envases móviles de G.L.P. conectados en batería con el colector. Sus extremos son, habitualmente de rosca M 20x150 y para soldar a (0)10/12 Cu.

Colector: también denominado batería para el acoplamiento en paralelo de envases móviles de G.L.P.

Columna de agua: aparato de medida para presiones bajas en el que se provoca un desnivel hidráulico equivalente a la presión manométrica de un gas, expresándose ésta en mm.c.a.

Collarín: accesorio de acero forjado soldado a un depósito de G.L.P. en fábrica que permite el acoplamiento a este de la valvulería, roscándola o atornillándola

Condiciones normales de un gas: son las que se entienden a 0° C y presión atmosférica.

Condiciones standard de un gas: son las que corresponden a +15° C y presión atmosférica.

Condiciones reales de un gas: se refieren a las propiedades en las condiciones específicas de distribución o alimentación.

Conducción: canalización por la que transcurre la fase gas o líquida.

Conexión equipotencial: puente eléctrico que impide que conducciones o elementos metálicos próximos estén a distinto potencial eléctrico.

Contador: aparato que mide y registra el caudal trasegado en m^3/h a la presión de distribución o consumo.

Contraseña de homologación: en un receptor a gas es una referencia otorgada por el OTC que indica que el receptor está autorizado para su conexionado a la red de gas y reúne las condiciones reglamentarias, figurando en los registros de tipo.

Cotas acumuladas: parten de un origen común, por lo que no se acumulan errores de medición.

Cotas enlazadas: son las habitualmente empleadas, sumándose para dar la longitud total.

Deflector: sombrerete de salida de una tubería de evacuación de gases quemados que impide la penetración de agua en esta y que aquellos retrocedan hacia el receptor.

Densidad absoluta: masa por unidad de volumen.

Densidad aparente: también se le conoce como densidad ficticia y es la relativa respecto a la del aire.

Depósitos de G.L.P: recipientes cilíndricos rematados por dos casquetes esféricos y que se utilizan para almacenar gas a granel.

Despresurización: reducción de la presión de un recipiente hasta la atmosférica.

Distancia de seguridad: recorrido realizado por el gas en caso de fuga.

Ecuación de los gases perfectos: fórmula matemática que relaciona, en valores absolutos, las denominadas "condiciones normales" con las "condiciones reales" de un gas.

Envase I 350: envase normalizado que puede contener 35 Kgs. de gas propano, provisto de válvula IESA.

Envase popular: pequeños envases no provistos de válvula de seguridad y con un tapón roscado y que permiten transportarlos en vehículos no autorizados.

Envase UD 110: envase normalizado que puede contener 11 Kgs. de gas propano, provisto de válvula KOSANGAS.

Envase UD 125: envase normalizado que puede contener 12,5 Kgs. de gas propano, provisto de válvula KOSANGAS.

Envolvente antideflagrante: permite alojar en su interior equipos y materiales eléctricos convencionales, estando construida de modo que, en caso de explosión, la onda expansiva se enfríe, saliendo al exterior a una temperatura inferior a la de ignición de la atmósfera gaseosa circundante.

Equipo manguera: conjunto de manguera rígida de 25 mm (o), arrollada sobre un carrete, llave de paso y manómetro que se coloca junto a los depósitos fijos de G.L.P. instalados en terraza.

Ermeto: junta metal–metal con un casquillo incrustable intermedio para tuberías de acero específicas para gas.

Escala gráfica: segmento dividido en unidades de medida, que conserva las proporciones de origen con las medidas del plano aunque este se reduzca o amplíe.

Escala numérica: proporción entre las medidas del plano y las de la realidad.

Especificación técnica: dato técnico (potencia, presión, caudal...) de una conducción, accesorios o receptor.

Esquema: expresión gráfica simple de las características técnicas de una instalación sin detalle del recorrido de ésta.

Estanqueidad: en gas equivale a la ausencia de fugas a la presión de prueba. Detectable con agua jabonosa y, para bajas presiones, mediante la columna de agua.

Fórmulas de Renouard: fórmulas básicas para la determinación de la pérdida de carga en una conducción de gas.

Gas a granel: gas propano comercial (hasta el 20% de gas butano) o metalúrgico (100% propano puro) suministrado a través de camiones cisterna a los depósitos fijos.

Gas canalizado: gas conducido por conducciones hasta los puntos de consumo. Habitualmente es gas natural, pero existen pequeñas canalizaciones (urbanizaciones...) a partir de un depósito de G.L.P. a granel.

Gas combustible industrial: gases combustibles homogéneos y empleados en los sectores residencial, industrial y terciario.

Gas comprimido: el que solamente se utiliza en fase gaseosa (gas natural).

Gas envasado: gas licuado del petróleo (butano o propano) que se almacena en fase líquida en un envase móvil.

Gas licuado del petróleo: proveniente de la destilación de éste, se almacena en fase líquida en grandes cisternas, para su posterior envase o distribución a granel.

Gas manufacturado: producido a partir de diversas materias primas, es el que antes se denominaba "gas ciudad".

Gas natural: obtenido desde yacimientos en los cuales acompaña o no al petróleo. Está constituido mayormente por gas metano.

Gaseoducto: canalización para transportar gas (especialmente gas natural) a largas distancias.

Indicador de nivel: en un depósito de G.L.P. a granel indica, mediante un sistema magnético, el % de llenado.

Índice de Wobbe: valor numérico en relación con el PCS de un gas y su densidad aparente. Permite clasificar los gases en familias y está en relación con la intercambiabilidad de éstos.

Inversores automáticos: aparatos utilizados en las baterías con envases móviles de G.L.P. que permiten la entrada del ramal de reserva sin cortar el paso del gas.

Inversores manuales: aparatos utilizados en las baterías con envases móviles de G.L.P. que permiten la entrada del ramal de reserva cortando el paso del gas.

Isométrica: expresión simple de una instalación de gas realizada en perspectiva isométrica, en la que se indica su recorrido y longitud de los tramos

Junta plana: junta cilíndrica

Junta tórica: junta circular de sección también circular.

Latiguillo: tubo flexible reforzado para soportar la alta presión cuyos extremos están provistos de tuercas normalizadas.

Limitador de presión: aparato de seguridad colocado tras los manorreductores de MPB o inversores automáticos que impide, en caso de avería de éstos, que la presión pase de 1,7 BAR en las instalaciones domésticas y de 3 BAR en las industriales.

Manómetros: aparatos de fuelle o membrana, en seco o con glicerina, que miden directamente la presión del gas.

Manorreductor fijo: aparato que mantiene constante la presión aguas abajo en una conducción, sea cual sea el caudal y la presión de entrada, dentro de unos límites.

Manorreductor ajustable: aparato que mantiene constante la presión aguas abajo en una conducción, sea cual sea el caudal y la presión de entrada, pero dispone de un tornillo de regulación que permite ajustarlo dentro de unos pequeños límites (p.ej.: 200–350 mm.c.a.).

Manorreductor regulable: aparato que mantiene constante la presión aguas abajo en una conducción pero que, gracias a una maneta que controla el muelle antagónico del manorreductor puede hacer variar la presión entre amplios límites (p.ej.: 0 a 3 BAR).

Multiválvula: accesorio de los depósitos de G.L.P. en la que se encuentra la llave de paso de fase gas (utilización) y el indicador de punto alto de llenado.

Obra civil: obra complementaria para el montaje de instalaciones y equipos de gas (cimentaciones, casetas, pasamuros…)

Pérdida de carga en una conducción: caída de presión en la misma, en valores absolutos o en %.

Perspectiva isométrica: tipo de perspectiva que utiliza tres ejes a 120° sin reducción de longitud.

Placa de características: en un receptor y en un elemento de regulación o corte indica sus especificaciones técnicas, contraseña de homologación y datos del fabricante o importador.

Plano de canalización: el que indica sobre planos de planta o alzado el recorrido de las conducciones de gas.

Plano de detalle: desarrolla puntos concretos tal como la ventilación, conexionado de receptores…

Poder calorífico inferior: cantidad total de calor que genera una unidad de volumen de un gas sin tener en cuenta el hipotético calor de condensación del vapor de agua producido.

Poder calorífico superior: cantidad total de calor que genera una unidad de volumen de un gas teniendo en cuenta el hipotético calor de condensación del vapor de agua producido.

Potencia térmica: cantidad de calor quemado por unidad de tiempo. Se expresa en KW o Kcal/h.

Presión hidráulica: conseguida mediante una bomba permite verificar, con agua, las condiciones de resistencia mecánica e indeformabilidad de un depósito fijo de G.L.P.

Presurizar: aumentar la presión en un depósito de G.L.P. (o una conducción) mediante gas inerte.

Proyecto Técnico: descripción y justificación de las características de una instalación de gas realizada por Técnico titulado competente.

Purgar: eliminar el aire o gas inerte en un depósito o conducción.

Replanteo: acción de marcar en el terreno, a partir de los correspondientes planos, las diferentes partes de una instalación de gas que lo requieren (conducciones, cimentaciones, casetas, pasamuros…)

Rosca cónica: aquella no cilíndrica sino que posee cierta conicidad, lo que permite un mejor ajuste de los elementos roscados. En gas se utiliza la rosca NPT .

Simbologia: conjunto de grafos que representan los distintos componentes de una instalación de gas y que están incluidos en el anexo 1 a la unidad didáctica 5.

Tallo: accesorio que permite el entronque de una conducción enterrada o empotrada de polietileno con tubería de acero o cobre.

Te rampa: accesorio intermedio que permite conectar los latiguillos provenientes de los envases móviles de G.L.P. conectados en batería con el colector. Sus extremos son, habitualmente de rosca M 20x150 y para soldar a (0)10/12 Cu.

Temperatura de vaporización: es aquella a la que un gas licuado hierve a presión atmosférica.

Tornillo moleteado: tornillo mecanizado de modo que sea fácil su manipulación con la mano.

Válvula de carga: en un depósito de G.L.P. a granel se refiere a la boca de llenado, en donde se conecta la manguera.

Válvula de corte: en la técnica del gas son aquellas de vuelta capaces de realizar un cierre y apertura rápidos.

Válvulas de escape: alivian a la atmósfera las sobrepresiones transitorias en una red de distribución. También se conocen como VAS (válvulas de alivio por sobrepresión).

Válvulas de intercepción: denominadas VIS, pueden actuar por mínima o por máxima presión cortando la línea distribuidora si se sobrepasan los umbrales.

Válvula de regulación: son aquellas capaces de ajustar, dentro de un límite, el caudal y la presión de gas, con un accionamiento suave, de varias vueltas de volante.

Válvula de salida en fase líquida: en un depósito de G.L.P. a granel, válvula conectada al tubo sonda mediante un adaptador tipo check–lock.

Válvula de seguridad de exceso de presión: en un depósito de G.L.P. a granel, válvula hidrostática que abre a la presión de tarado 20 BAR en caso de una elevación anormal de temperatura (incendio…).

Válvula de retención: permite el paso del gas solamente en un sentido.

Válvula pulsadora: permite acoplar los manómetros de muy baja presión (ventómetros) a la red de distribución, de modo que la comunicación con ésta se establezca solamente mientras se mantiene pulsada la válvula.

Vaporizador: dispositivo que mediante la aportación de calor externo proveniente de una resistencia eléctrica o de una caldera de calefacción hace hervir el gas propano líquido cuando el consumo de éste es tan elevado que no basta la vaporización natural del depósito.

Varilla de punto alto de llenado: varilla roscada a la multiválvula de salida de un depósito fijo de G.L.P. con una longitud tal que permita detectar que el nivel de líquido en este es del 85%.

Ventómetro: manómetro para medir muy bajas presiones.

Volumen específico: se dice del volumen ocupado por un kilogramo del gas, en condiciones normales, esto es, a 0° C y presión atmosférica.

MANUAL DE INSTALACIONES DE GAS
Proyectos, cálculos y diseños

Miguel D'Addario

Comunidad Europea
2016

www.ingramcontent.com/pod-product-compliance
Lightning Source LLC
Chambersburg PA
CBHW080653190526
45169CB00006B/2104